汽车构造与拆装（下）

◎主　编：祁翠琴

外语教学与研究出版社
FOREIGN LANGUAGE TEACHING AND RESEARCH PRESS
北京 BEIJING

图书在版编目（CIP）数据

汽车构造与拆装．下 ／ 祁翠琴主编．— 北京 ：外语教学与研究出版社，2015.3
ISBN 978-7-5135-5807-5

Ⅰ．①汽… Ⅱ．①祁… Ⅲ．①汽车－构造－中等专业学校－教材②汽车－装配（机械）－中等专业学校－教材 Ⅳ．①U463 ② U472

中国版本图书馆 CIP 数据核字（2015）第 065728 号

出 版 人　蔡剑峰
项目策划　吕志敏
责任编辑　张永见
封面设计　刘海波
版式设计　锋尚设计
出版发行　外语教学与研究出版社
社　　址　北京市西三环北路 19 号（100089）
网　　址　http://www.fltrp.com
印　　刷　北京京华虎彩印刷有限公司
开　　本　787×1092　1/16
印　　张　13
版　　次　2015 年 8 月第 1 版　2015 年 8 月第 1 次印刷
书　　号　ISBN 978-7-5135-5807-5
定　　价　29.00 元

职业教育出版分社：
　地　　址：北京市西三环北路 19 号 外研社大厦 职业教育出版分社（100089）
　咨询电话：010-88819475
　传　　真：010-88819475
　网　　址：http://vep.fltrp.com
　电子信箱：vep@fltrp.com
　购书电话：010-88819928/9929/9930（邮购部）
　购书传真：010-88819428（邮购部）

物料号：258070001

“十二五”职业教育国家规划教材

职业院校“双证书”课题实验教材

专家指导委员会

“十二五”职业教育国家规划教材

职业院校“双证书”课题实验教材

汽车制造与检修专业教材编写委员会

本书编写组

主　编　祁翠琴
副主编　华春龙　解景浦
参　编　周燕微　冯之权

职业院校“双证书”课题实验教材

出版说明

实行“双证书”制度，是党中央、国务院适应社会主义市场经济要求，推动职业教育、职业培训改革的重要举措。早在 1993 年，中共中央在《关于建立社会主义市场经济体制若干问题的决定》中就提出：“要制定各种职业的资格标准和录用标准，实行学历文凭和职业资格两种证书制度”。从那时起，“双证书”制度历经了制度确立、探索试点、积极推进三个发展阶段。2014 年，《国务院关于加快发展现代职业教育的决定》（国发〔2014〕19 号）指出：“服务经济社会发展和人的全面发展，推动专业设置与产业需求对接，课程内容与职业标准对接，教学过程与生产过程对接，毕业证书与职业资格证书对接，职业教育与终身学习对接。重点提高青年就业能力”“推进人才培养模式创新……积极推进学历证书和职业资格证书‘双证书’制度”。

近年来，国家有关部门为促进就业和提高劳动者素质，对职业院校实施“双证书”制度做出了许多政策安排，“双证书”制度在广大职业学校得到有效推行，学历证书、职业资格证书成为毕业生就业的“敲门砖”和“通行证”。但是，我们也发现，职业院校学历认证和职业资格认证还没有从根本上实现贯通，存在着各行其道、“两张皮”的普遍现象，缺乏连接两者的桥梁和纽带。其中，融合“双证书”的课程与教材建设滞后是关键原因。

为了探索解决这个长期困扰中国职业教育界的难题，人力资源和社会保障部职业技能鉴定中心部级课题《职业技能教学用书开发技术规范和评价体系研究》课题组（项目编号：RS2013-16，以下简称“课题组”）在“双证书”课程资源建设开发方面做了积极研究和有益尝试。课题组认为：“双证书”课程是指实现国家职业技能标准和专业教学标准对接，职业技能鉴定与专业课程学习考核对接的课程，它是使学生在不延长学习时间的情况下，同时获得学历证书和职业资格证书的学校正规课程。加强对“双证书”课程教材开发的研究，对于探索从课程层面做到“双证结合”，引导学校用好现有职业技能鉴定政策，推动学生职业技能和就业竞争力提升，具有十分重要的意义。开发职业技能鉴定与学校课程考试“两考合一”的“双证书”教材，可以形成“双证书”政策落地的基础性教学资源，能够解决推行“双证书”制度、实施“两考合一”的“最后一公里”问题。

为了在教材层面上做到专业教学标准与国家职业技能标准的内容对接，课题组通过研究，编制了《中等职业学校“双证书”课程教材开发技术规范》，主要技术要点如下：一是以专业教学标准为依据，细化“双证书”培养目标；二是以国家职业技能标准为依据，确定“双证书”课程；三是根据双证结合的理念，编制“双证书”课程实施规范；四是结合职场工作实际，开发“双证书”综合实训课程；五是积极改革教学模式，建设“双证书”课程标准；六是根据职教特色，组织编写“双证书”教材；七是做好试题开发组织和考务服务，为“两考合一”做好技术保障。这一技术规范为实现教学内容与职业标准“双覆盖”、教学过程与岗位要求“双对照”、课程考试与技能鉴定“双结合”的职业院校教材开发目标提供了一个技术指引。

外语教学与研究出版社作为课题参与单位，自2014年开始，陆续开发了中等职业学校机械制造技术、机械加工技术、机电技术应用、机电设备安装与维修、焊接技术应用、汽车制造与检修、汽车运用与维修、电子与信息技术、文秘等9个专业的“双证书”课题实验教材。

“双证书”课题实验教材的开发采取专业负责人制，每个专业由一名资深专家对教材目标、内容选择、内容组织进行总体把关，然后指导各册主编分头编写，最后由本专业教学专家、职业技能鉴定专家、企业专家、课程开发专家组成的编审委员会共同审定，确保符合课题组编制的《中等职业学校“双证书”课程教材开发技术规范》，同时，努力在教材开发中对接“四新”（新知识、新技能、新产品、新工艺），做到不遗漏知识点、技能点、态度点。

职业院校“双证书”课题实验教材的开发编写遵循了教育部颁布的《中等职业学校专业教学标准（试行）》规定的课程名称、“主要教学内容和要求”，并在教材中融入了相应的五级、四级国家职业技能标准的要求，有助于学生学习掌握职业技能鉴定所要求的相关知识和必备技能，并获取相应等级的职业资格证书，为推动职业院校实施“双证书”制度提供了必要的教学资源支持。

“双证书”课题实验教材的开发，是一个新的探索，欢迎广大中等职业学校和职业高中积极试用，并提出宝贵意见，我们将进一步改进和完善。

职业教育是使“无业者有业，有业者乐业”的伟大事业。让我们携起手来，为建设现代职业教育体系和构建终身职业培训体系尽自己一份绵薄之力。

人力资源和社会保障部职业技能鉴定中心

《职业技能教学用书开发技术规范和评价体系研究》课题组

2015年6月23日

前言

为贯彻落实《国家中长期教育改革和发展规划纲要（2010—2020年）》，配合《中等职业学校专业教学标准（试行）》的实施，依据《中等职业学校汽车制造与检修专业教学标准》，并结合国家职业技能标准汽车修理工（五级、四级）的知识与技能要求，编写了这本“双证书”实验教材。

本书力求体现以下编写特色：

1．反映汽车制造、维修行业产业升级、技术进步和职业岗位变化的要求。

2．注重“做中学，教学做合一”的理念。设计任务完整，任务要求明确了任务的目标，任务实施明确了完成任务的实施步骤，将相关知识即学习内容进行了系统理顺，思路清晰，任务具体。

3．注重爱岗敬业、沟通合作和“5S”职业素质的培养。设计的每个项目有学习目标、项目导入、思维导图、项目小结、项目评价、职业技能鉴定指导，项目完整且易实施、便于检测。

《汽车构造与拆装》教材分上、下册。总教学学时按照166学时设计。下册按78学时设计编写。下册共设计4个模块，14个项目，40个任务。

本书由祁翠琴任主编，华春龙、解景浦任副主编，周燕微、冯之权参与编写。全书由祁翠琴统稿。

在本书的编写过程中，参考了大量资料和文献，并得到了长春、石家庄、上海、唐山等各地汽车制造厂家及汽车维修公司的大力支持与帮助，在此，我们一并表示诚挚的谢意！

由于编者水平有限，加上时间仓促，书中错误之处在所难免，欢迎读者提出宝贵意见，以便在今后的修订中不断完善。

编　者

2015年7月

目录

模块1 传 动 系

汽车底盘由四大系统构成，分别是传动系、行驶系、转向系、制动系。其中，传动系是底盘中非常重要的一个系统，包括离合器、变速器、万向传动装置、驱动桥这一系列动力传动装置，最终实现将发动机的动力传给驱动车轮。

学习本模块可以了解汽车底盘的各种布置形式，掌握汽车如何实现变速、变矩、变向、中断动力传递、差速的原理，为机械维修做好铺垫。

1.1

传动系组成

学习目标

1. 知道汽车底盘的组成及功用；
2. 熟悉汽车底盘的组成及动力的传递路线；
3. 熟悉传动系的组成及功用，能说明传动系各总成的具体位置。

项目导入

汽车底盘是构成汽车的基础，其功用是接受发动机输出的动力，推动汽车按驾驶员的操纵行驶。汽车底盘主要由传动系、行驶系、转向系和制动系组成。传动系的任务是与发动机配合工作，保证汽车在各种行驶条件下正常行驶，保证所必需的驱动力与车速，使汽车具有良好的动力性和燃油经济性。本项目主要介绍汽车底盘的组成及传动系的构造。

思维导图

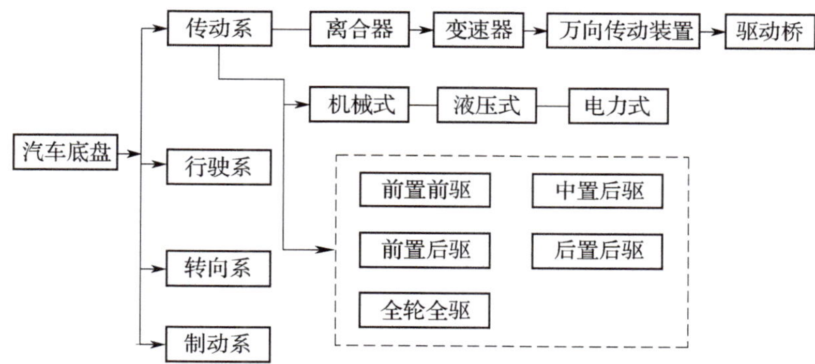

任务1.1.1　汽车底盘组成

任务要求

1. 知道汽车底盘的总体构造。
2. 能说出汽车底盘的布置方式。
3. 能叙述汽车底盘各组成部分的功用。

相关知识

一、汽车底盘的组成

汽车的基本构造是发动机、底盘、汽车电气、车身及附属装置。发动机是汽车的动力源，汽车底盘是构成汽车的基础，其功用是接受发动机输出的动力，推动汽车按驾驶员的操纵行驶。汽车底盘主要由传动系、行驶系、转向系和制动系组成，如图 1–1–1 所示。

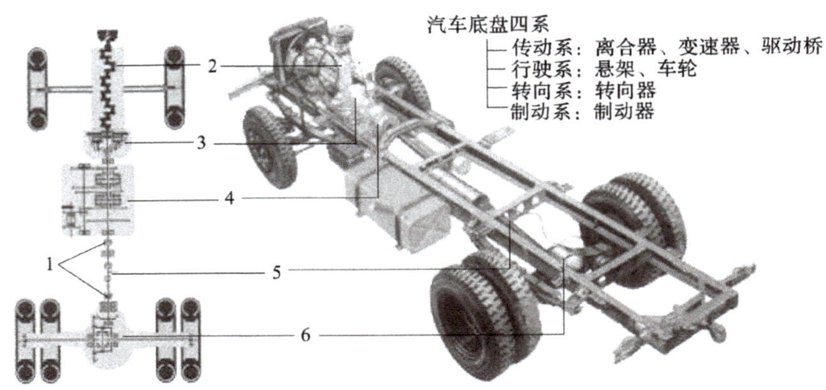

图 1–1–1 汽车底盘简图

1—万向节；2—发动机曲轴；3—离合器；4—变速器；5—传动轴；6—驱动桥

（1）传动系。传动系的作用是将发动机发出的动力依次经过离合器、变速器、万向传动装置、主减速器、差速器和半轴传给驱动轮。由离合器、变速器、万向节、传动轴和驱动桥等组成。

（2）行驶系。行驶系的作用是将汽车各总成及部件连成一个整体并对全车起支撑作用，以保证汽车正常行驶。由车架（或承载式车身）、前后车桥、转向和驱动车轮、前后悬架等组成。

（3）转向系。转向系的作用是保证汽车能按照驾驶员选择的方向行驶。由转向盘、转向轴、转向器、转向垂臂、纵拉杆、转向节臂、横拉杆、左右梯形臂等组成。

（4）制动系。制动系的作用是根据需要使汽车减速或在最短距离内停车，并保证驾驶员离去后汽车能可靠地停驻原地不动。制动系由制动器和制动传动机构等组成。

二、底盘拆装安全

1. 个人安全

（1）眼睛的防护。在汽车维修企业中，眼睛经常会受到各种伤害，如飞来的物体、腐蚀性的化学飞溅、有毒的气体或烟雾等，这些伤害几乎都是可以防护的。

常见的保护眼睛的装备是护目镜和面罩。护目镜可以防护各种对眼睛的伤害，如飞来的物体或飞溅的液体。在下列情况下，应考虑佩戴护目镜：进行金属切削加工、用錾子或冲子铲剔、使用压缩空气、使用清洗剂等。面罩不仅能够保护眼睛，还能保护整个面部。如果进行电弧焊或气焊，要使用带有色镜片的护目镜或深色镜片的特殊面罩，以防止有害光线或过强的光线伤害眼睛。

注意：

在摘下护目镜时，要闭上眼睛，防止黏在护目镜外的金属颗粒掉进眼睛里。

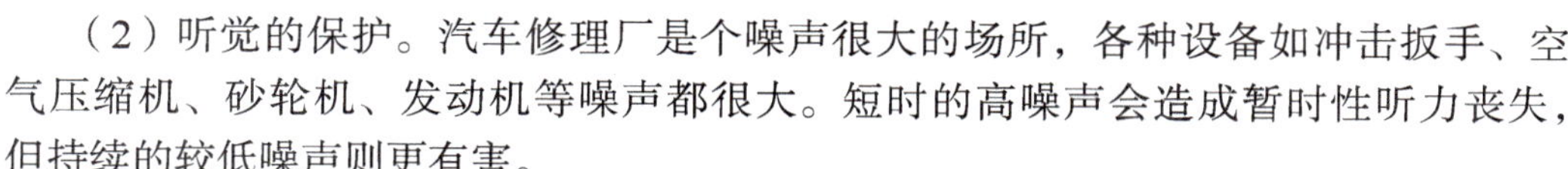

（2）听觉的保护。汽车修理厂是个噪声很大的场所，各种设备如冲击扳手、空气压缩机、砂轮机、发动机等噪声都很大。短时的高噪声会造成暂时性听力丧失，但持续的较低噪声则更有害。

常见的听力保护装备有耳罩和耳塞，噪声极高时可同时佩戴。一般在钣金车间必须佩戴耳罩或耳塞。

（3）手的保护。手是身体经常受伤的部位之一，保护手要从两方面着手：一是不要把手伸到危险区域，如发动机前部转动的皮带区域、发动机排气管道附近等；二是必要时戴上防护手套。不同的场合需要不同的防护手套，做金属加工有劳保安全手套，接触化学品有橡胶手套。

（4）衣服、头发及饰物。宽松的衣服、长袖子、领带都容易卷进旋转的机器中，所以在修理厂中，首先一定要穿合体的工作服，最好是连体工作服，外套、工装裤也可以。如果戴领带要把它塞到衬衫里。

工作时不要戴手表或其他饰物，特别是金属饰物，在进行电气维修时可能导入电流而烧伤皮肤，或导致电路短路而损坏电子元件或设备。

在工厂内要穿劳保鞋，可以保护脚面不被落下的重物砸伤，且劳保鞋的鞋底是防油、防滑的。长发很容易被卷入运转的机器中，所以长发一定要扎起来，并戴上帽子。

2. 工具和设备安全

（1）手动工具。手动工具看起来是安全的，但使用不当也会导致事故，如用一字旋具代替撬棍，导致旋具崩裂、损坏，飞溅物打伤自己或他人，扳手从油腻的手中滑落，掉到旋转的元件上，再飞出来伤人，等等。

另外，使用带锐边的工具时，锐边不要对着自己和同事。传递工具时要将手柄朝向对方。

（2）动力工具。所有的电气设备都要使用三相插座，地线要安全接地，电缆或装配松动应及时维护；所有旋转的设备都应有安全罩，以减小部件飞出伤人的可能性。

在进行电子系统维修时，应断开电路的电源，方法是断开蓄电池的负极搭铁线，这不仅可保护人身安全，还能防止电器损坏。

许多维修工序需要将车升离地面，在升起车辆前应确保汽车已被正确支撑，并应使用安全锁以免汽车落下。用千斤顶支起汽车时，应当确保千斤顶支撑在汽车底盘大梁部分或较结实的部分。

注意：

升起汽车时要先看维修手册，找到正确的支撑点，错误的支撑点不仅危险，而且会破坏汽车的结构。

工具和设备都要定期检查和保养。

（3）压缩空气。使用压缩空气时，应非常小心，不要玩弄它们，不要将压缩空气对着自己或别人，不要对着地面或设备、车辆乱吹。压缩空气会撕裂耳内的鼓膜，造成失聪，损伤肺部或伤及皮肤，被压缩空气吹起的尘土或金属颗粒会造成皮肤、眼睛损伤。

3. 日常安全注意事项

（1）个人安全。

① 在车间内穿戴、着装要合适，并佩戴必要的装备，如手套、护目镜、耳塞等。

② 手上应避免沾有油污，以免工具滑脱。

③ 不要在车间内乱转。

④ 不要将压缩空气对着人或设备吹。

⑤ 尖锐的工具不要放到口袋里，以免扎伤自己或划伤车辆。

⑥ 手、衣服、工具应远离旋转设备或部件。

⑦ 在极疲劳或情绪不佳时不要工作，这种情况会降低注意力，有可能导致自身或他人的伤害。

⑧ 开车进出车间时要格外小心。

⑨ 如果不知道车间设备如何使用，应先向明白的人请教，以得到正确、安全的使用方法。

⑩ 应知道车间灭火器、医疗急救包、洗眼处的位置。

（2）设备使用。

① 工具不使用时应保持干净并放到正确的位置。

② 各种设备和工具要及时检查和保养。

③ 起动发动机的车辆应保证驻车制动正常。

④ 在车间内起动发动机要保持通风良好。

⑤ 常用通道上不要放工具、设备、车辆等。

⑥ 用正确的方法使用正确的工具。

⑦ 用举升器或千斤顶升起车辆时一定要按正确的规程操作。

小知识：最小离地间隙

最小离地间隙是汽车在满载（允许最大荷载质量）的情况下，其底盘最突出部位与水平地面的距离。最小离地间隙反映的是汽车无碰撞通过有障碍物或凹凸不平的地面的能力。

一般来说，轿车的最小离地间隙在110 ~ 150 mm，例如奥迪A6轿车的最小离地间隙为142 mm。对于轿车来说，离地间隙越大（超过130 mm），通过性能相对来说越好，但高速稳定性较差；离地间隙越小（低于110 mm），高速稳定性越好，但通过性较差。

SUV的最小离地间隙一般在200 ~ 250 mm，例如丰田的陆地巡洋舰是220 mm，几乎是A6的两倍。对于SUV来说，离地间隙越小（小于200 mm），通过性能就越差，越注重公路性能，即偏向于城市SUV；离地间隙越大（大于250 mm），通过性能就越好，越注重野外表现，属于偏向纯粹越野型的SUV。

任务实施

步骤 1：叙述拆装安全注意事项。

分小组讲述安全注意事项，相互检查督促个人安全意识，提醒安全注意事项。分组讲述工具及设备安全注意事项，尤其是对有人身安全隐患的设备应特别注意。

认识常用拆装工具及使用要求。注意保护工量具。

步骤 2：汽车底盘的认识。

在剖开的典型车上找到汽车底盘的 4 个系统及其主要零部件总成，包括传动系、行驶系、转向系、制动系，以及离合器、变速器、万向传动装置、驱动桥、转向桥、车身或车架、悬架、车轮、转向器、制动器等。

步骤 3：小组检查提问。

汽车底盘组成及各组成功用。提示安全事项。

步骤 4：进行举升器的升降练习。

周围人员离开，按下升降按钮演示升降，并进行安全事项提醒。

步骤 5：整理、清洁现场，保持室内卫生。

任务1.1.2　传动系构造

任务要求

1. 知道传动系的构造及组成。
2. 能描述传动系的功用。
3. 能介绍传动系的类型及布置形式。

相关知识

一、传动系功用

为了满足汽车在各种行驶条件下行驶的需要，汽车传动系具有以下功能。

1. 变速增扭

汽车的使用情况复杂多变，只有作用在驱动轮上的驱动力足以克服外界对汽车的阻力时，汽车才能起步并正常行驶。为了保证汽车在各种行驶条件下正常行驶所必需的驱动力与车速，传动系必须将驱动轮的转速降低为发动机转速的若干分之一，同时使驱动轮得到的转矩增大到发动机转矩的若干倍。通常由变速器和驱动桥中的主减速器共同来实现减速增扭。

2. 倒车

汽车在某些情况下（如进入停车场、车库或在狭窄路面上调头时），需要倒向行驶，需要传动系在发动机旋转方向不变的情况下，使驱动轮反向旋转。一般是在变速器内设置倒挡机构。

3. 中断动力传递

发动机只能在无负荷的情况下起动，且起动后的转速必须保持在最低稳定转速以上，否则发动机可能会熄火。所以，在发动机与变速器之间装设离合器，起动发动机时，必须先踩下离合器踏板，中断发动机到驱动轮的动力传递路线，待发动机进入正常怠速运转后，再慢慢抬起离合器踏板，逐渐对发动机曲轴加载，同时加大节气门开度，以保证发动机输出足够的功率，使汽车能平稳起步。

另外，变速器设有空挡，以便汽车长时间停车或汽车暂时停车而发动机不停止运转时，中断发动机到驱动轮的动力传递。

4. 具有差速作用

当汽车转弯行驶时，左右两侧车轮在相同时间内滚过的距离是不同的，为保持左右两驱动轮以不同的角速度旋转滚动，在驱动桥内装有差速器，动力由主减速器先传到差速器，再由差速器分配给左右两半轴，最后传到两侧的驱动轮。

此外，由于发动机、离合器和变速器固定在车架上，而驱动桥和驱动轮一般是通过弹性悬架与车架相联系，因此在汽车行驶过程中，变速器与驱动轮之间经常有相对运动。在此情况下，两者之间不能用简单的整体传动轴来传动，采用由万向节和传动轴组成的万向传动装置。

二、传动系类型

根据汽车传动系中传动元件的特征，传动系可以分为机械传动式、液力机械传动式和电力传动式等类型。

1. 机械传动系统

普通双轴商用车广泛应用机械式传动系统，如图 1-1-2 所示。发动机纵向安置在汽车前部，后轮为驱动轮。发动机发出的动力依次经离合器、变速器、万向传动装置、主减速器、差速器和半轴，最后传给驱动轮。

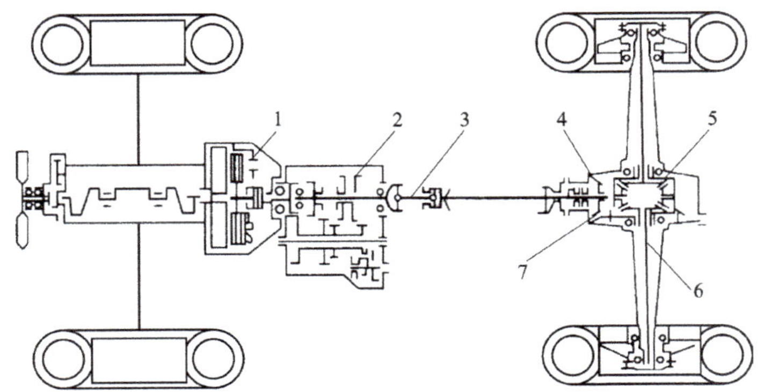

图 1-1-2　汽车传动系的组成

1—离合器；2—变速器；3—传动轴；4—驱动桥；5—差速器；6—半轴；7—主减速器

传动系各部件的基本功用如下：

（1）离合器：按照需要适时地切断或接合发动机与传动系之间的动力传递。

（2）变速器：改变发动机输出转速的高低、转矩的大小以及输出轴的旋转方向，也可以切断发动机向驱动轮的动力传递。

（3）万向传动装置：将变速器输出的动力传给主减速器，并适应两者之间距离和轴线夹角的变化。

（4）主减速器：降低转速，增大转矩，改变动力的传递方向。

（5）差速器：将主减速器传来的动力分配给左右半轴，并允许左右半轴以不同角速度旋转，以满足左右驱动轮在行驶过程中差速的需要。

（6）半轴：将差速器传来的动力传给驱动轮，使驱动轮获得旋转的动力。

2. 液力机械式传动系

液力机械式传动系的特点是以液力机械变速器取代机械式传动系的摩擦式离合器和普通齿轮式变速器，其他组成部件均与机械式传动系相同。液力机械变速器如图 1-1-3 所示，由液力传动装置、有级式机械变速器、控制机构和操纵机构组成。

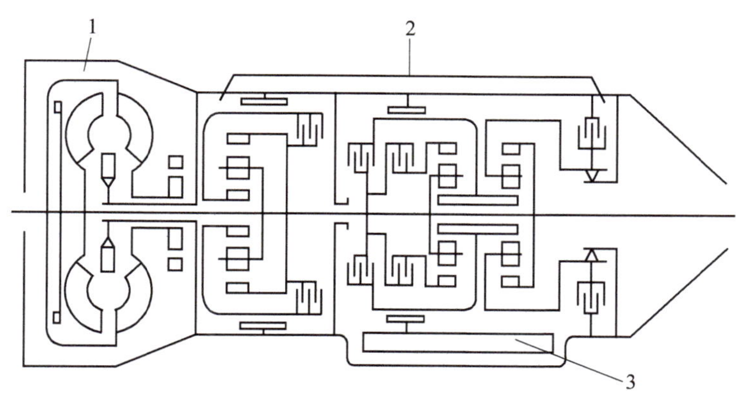

图 1-1-3 液力机械变速器示意图

1—液力传动装置；2—有级机械式变速器；3—控制机构

3. 电力式传动系

电力式传动系如图 1-1-4 所示，主动部件是由发动机驱动的发电机，从动部件是牵引电动机，电力式传动系在组成和布置上与液力机械式传动系有些类似。可以只用一个电动机，与传动轴或驱动桥相连，电动机输出的动力经主减速器、差速器、半轴传给驱动轮。也可以在每个驱动轮上单装一个电动机，电动机输出的动力必须通过一套减速机构传递给驱动轮，因为牵引电动机的输出转矩不够大而转速过高，不能满足汽车行驶驱动的需要。减速机构可以起到降低转速、增大转矩的作用，把这种直接与车轮相连的减速机构称为轮边减速器，这种驱动轮统称为电动轮。驾驶员通过操纵控制电路来控制发动机和发电机的转速和转矩，从而控制电动轮的转速、牵引力矩的大小和方向，以实现汽车的起步、倒车、前进和停车。

电力式传动系的优点是布置简单、可实现无级变速、对环境无污染和驱动平稳等；不足之处是传动效率低、质量较大和消耗有色金属材料铜较多等。

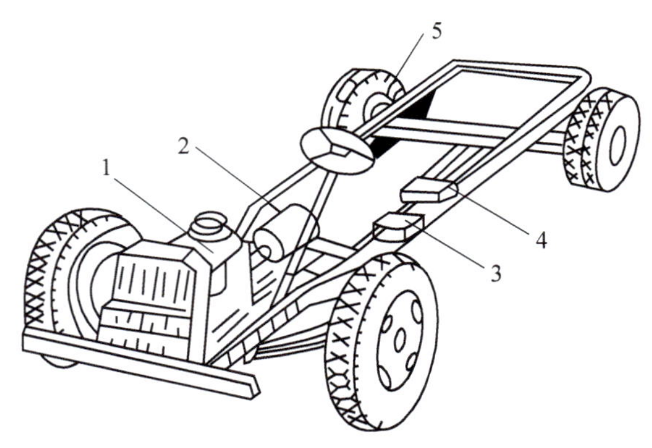

图 1-1-4　电力式传动系的示意图

1—发动机；2—发电机；3—晶闸管整流器；4—逆变装置；5—电动轮

三、传动系布置形式

在汽车行驶过程中，驾驶员可根据需要踩下或松开离合器踏板，使发动机与变速箱暂时分离和逐渐接合，以切断或传递发动机向变速器输入的动力。

不同的汽车，传动系的布置形式不一样，如图 1-1-5 所示，主要有如下几种。

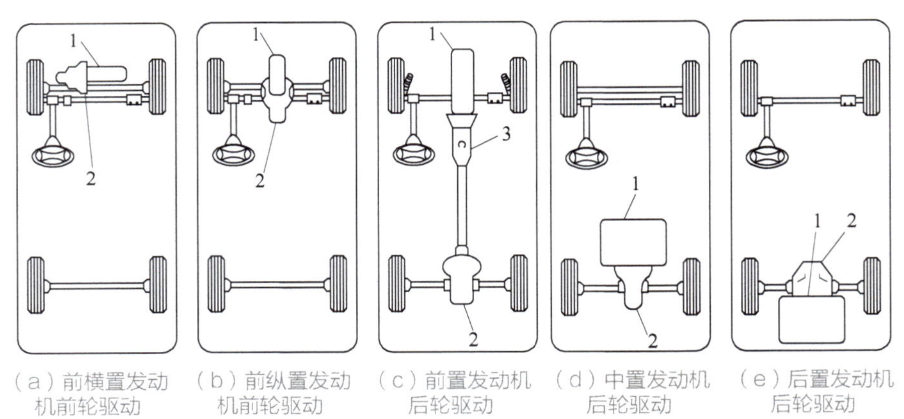

（a）前横置发动机前轮驱动　（b）前纵置发动机前轮驱动　（c）前置发动机后轮驱动　（d）中置发动机后轮驱动　（e）后置发动机后轮驱动

图 1-1-5　传动系布置方案示意图

1—发动机；2—变速驱动桥；3—变速器

（1）前置后驱—FR：即发动机前置、后轮驱动。国内外的大多数货车、部分轿车和部分客车都采用。如图 1-1-6 所示。

（2）后置后驱—RR：即发动机后置、后轮驱动。大型客车，少量微型、轻型轿车采用。

（3）前置前驱—FF：发动机前置、前轮驱动。大多数轿车采用。

（4）中置后驱—MR：发动机中置、后轮驱动。赛车、公交车采用。

（5）全轮驱动—nWD：越野车采用。如图 1-1-7 所示。

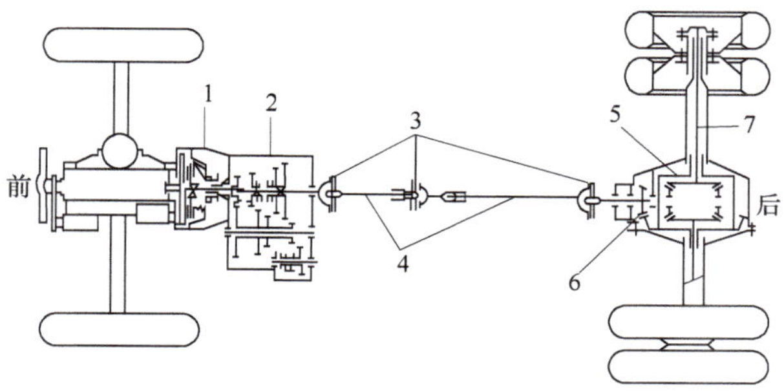

图 1-1-6 FR 布置示意图

1—离合器；2—变速器；3—万向节；4—传动轴；5—差速器；6—主减速器；7—半轴

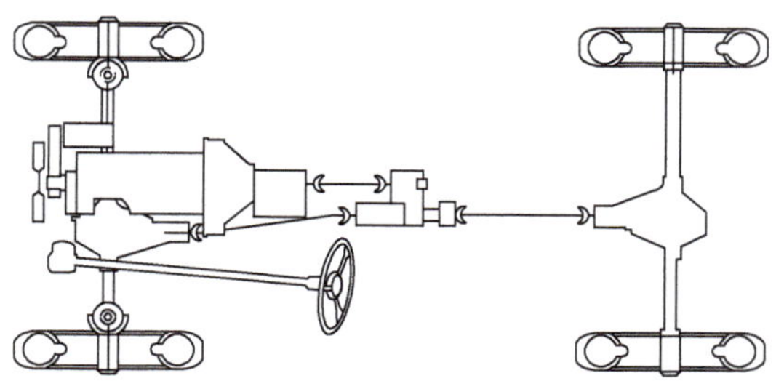

图 1-1-7 全轮驱动布置示意图

小知识：全时四驱

1972年，斯巴鲁首次设计出了左右对称的全时四轮驱动汽车，这也是世界上第一部量产四驱轿车。斯巴鲁的工程师使用了一个普通的中央差速器将扭矩分配到前后驱动轴，然后另外再加上一个耦合式限滑差速器来达到防滑的作用，这样既节约了成本，又实现了四轮全时驱动。

全时四驱指的是车辆在整个行驶过程中一直保持四轮驱动的形式，发动机输出扭矩以固定的比例分配到前后轮，这种驱动模式能随时拥有较好的越野和操控性能，但不能够根据路面情况做出扭矩分配的调整，并且油耗较高。

适时四驱则是由电脑芯片控制两驱与四驱的切换，在正常路面，车辆以两轮驱动模式行驶，遇到越野路面或者车轮打滑时，电脑将探测并自动将动力分配到另外两轮。对于适时四驱而言，控制程序的优劣会影响驱动形式切换的智能化。

分时四驱是由驾驶员手动控制以切换驱动形式的。现在很多SUV及越野车同时拥有以上四驱模式的两种或几种以互补短长。

任务实施

步骤 1：认识汽车传动系的组成。

分组叙述汽车传动系的组成及功用，指出传动系各部分及离合器、变速器、传动轴、驱动桥的位置及名称。

步骤 2：认识不同类型的传动系结构。

分组分别叙述机械式、液力机械式、电力式传动系的传动特点。

步骤 3：分组分别说明传动系的不同布置形式，尤其分析发动机前置后驱、发动机前置前驱的布置特点。

步骤 4：分析你见到的汽车传动系的布置形式属于哪种类型，并介绍其特点。

项目小结

任务		主要内容	备注
任务 1.1.1	汽车底盘组成	1. 底盘的功用：汽车底盘是汽车构成的基础，其功用是接受发动机输出的动力，推动汽车按驾驶员的操纵行驶。 2. 汽车底盘的构造：传动系、行驶系、转向系、制动系。 3. 汽车拆装安全：清理、整顿、整洁	
任务 1.1.2	传动系构造	1. 传动系功用：变速增扭、倒车、切断动力、差速作用。 2. 传动系类型：机械式、液力机械式、电力式。 3. 传动系布置形式：（1）前置后驱—FR；（2）后置后驱—RR；（3）前置前驱—FF；（4）中置后驱—MR；（5）全轮驱动—nWD	

项目评价

评价项目	评分标准	分数	学生自评	小组互评	小计
团队合作	团队分工不明确，责任心强	30			
操作过程	在学习传动系组成时，主动观察并分析问题，学习积极性高，动手能力较强	40			
创新点	学习传动系布置时，联系到跑车的结构等，主动查找资料，思维灵活	10			
任务方案	清晰、合理、明确	10			
完成情况	按时完成，效果较好	10			
	总分	100			
教师评价					

职业技能鉴定指导

1. 汽车底盘由几部分组成？
2. 汽车传动系由哪些总成组成？其主要功用是什么？
3. 传动系的功用是________。
4. 传动系的布置形式有________、________、________、________、________。

项目1.2 离合器

学习目标

1. 熟悉离合器的组成和类型；
2. 知道离合器的结构和工作原理；
3. 掌握离合器的拆装方法和步骤。

项目导入

对于手动变速器的汽车，离合器属于汽车传动系的部件，安装在发动机和变速器之间的飞轮壳内，用螺钉将离合器总成固定在飞轮后平面上，离合器的输出轴即是变速器的输入轴。

在汽车从起步到行驶的整个过程中，驾驶员可根据需要踏下或松开离合器踏板，使发动机与变速器暂时分离或逐渐接合，以切断或传递发动机向变速器输入的动力。本项目介绍离合器的结构及工作原理。

思维导图

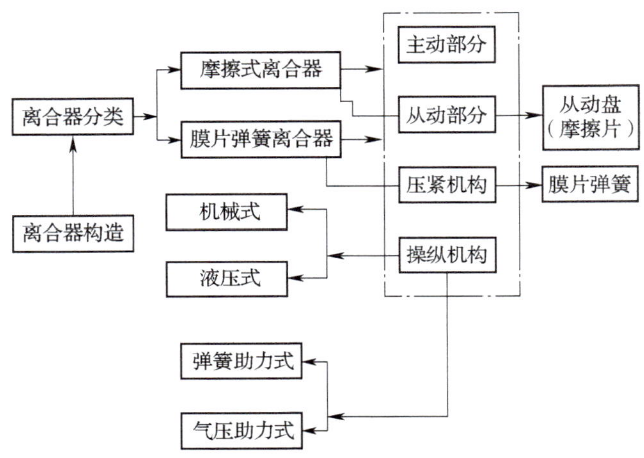

任务1.2.1　离合器构造

任务要求

1. 知道手动变速器汽车和自动变速器汽车应用离合器类型不同。
2. 能够分清各种类型的离合器。
3. 小组之间互相提问，加深对离合器结构的认知。

相关知识

一、离合器功用

1. 离合器的功用

（1）使发动机与传动系逐渐结合，保持汽车平稳起步。

（2）暂时切断发动机的动力传动，保证变速器换挡平顺。

（3）限制所传递的转矩，防止传动系过载。

2. 对离合器的基本要求

（1）保证可靠地传递发动机的最大转矩又能防止传动系过载。

（2）接合时应平顺柔和，保证汽车平稳起步，减少冲击。

（3）分离时应迅速彻底，保证变速器换挡平顺和发动机起动顺利。

（4）旋转部分的平衡性好，且从动部分的转动惯量小。

（5）具有良好的通风散热能力，防止离合器温度过高。

（6）操纵轻便，以减轻驾驶员的疲劳。

3. 离合器分类

汽车离合器有摩擦式离合器、液力耦合器、电磁离合器等。摩擦式离合器又分为湿式和干式两种。

二、摩擦式离合器

1. 基本组成

摩擦式离合器由主动部分、从动部分、压紧机构和操纵机构四部分组成，如图 1-2-1 所示。

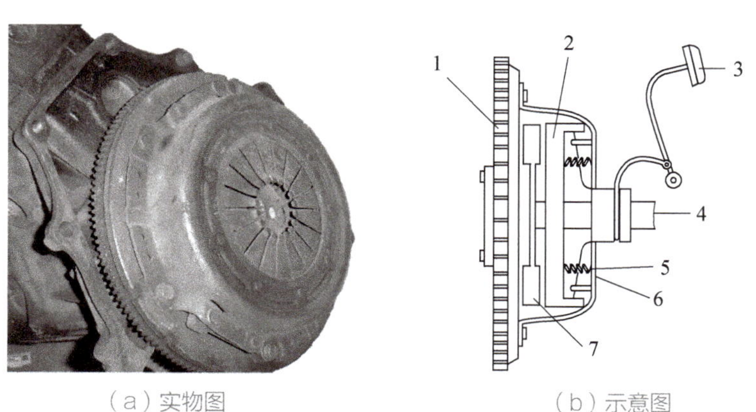

（a）实物图　　（b）示意图

图 1-2-1　摩擦式离合器

1—飞轮；2—压板；3—离合器踏板；4—变速箱输入轴；5—压紧弹簧；6—离合器盖；7—摩擦片（从动盘）

主动部分包括飞轮、离合器盖和压盘。离合器盖用螺栓固定在飞轮上，压盘后端圆周上的凸台伸入离合器盖的窗口中，并可沿窗口轴向移动。这样，当发动机转动时，动力便经飞轮、离合器盖传到压盘，并一起转动。

从动部分包括从动盘和从动轴。从动盘带有双面的摩擦衬片，离合器正常接合时分别与飞轮和压盘相接触；从动盘通过花键毂装在从动轴的花键上，从动轴是手动变速器的输入轴（一轴），其前端通过轴承支撑在曲轴后端的中心孔中，后端支撑在变速器壳体上。

压紧机构由若干根沿圆周均匀布置的压紧弹簧组成，它们装在压盘与离合器盖之间，用来将压盘和从动盘压向飞轮，使飞轮、从动盘和压盘三者压紧在一起。

操纵机构包括离合器踏板、分离拉杆、调节叉、分离叉、分离套筒、分离轴承、分离杠杆、回位弹簧等。

2. 工作原理

摩擦离合器按照工作过程可以分为 3 个状态。

（1）接合状态。离合器在接合状态下，操纵机构各部件在回位弹簧的作用下回到图 1-2-2 所示的各自位置，分离杠杆内端与分离轴承之间保持一定的间隙，压紧弹簧将飞轮、从动盘和压盘三者压紧在一起，发动机的转矩经过飞轮及压盘通过从动盘两摩擦面的摩擦作用传给从动盘，再由从动轴输入变速器。

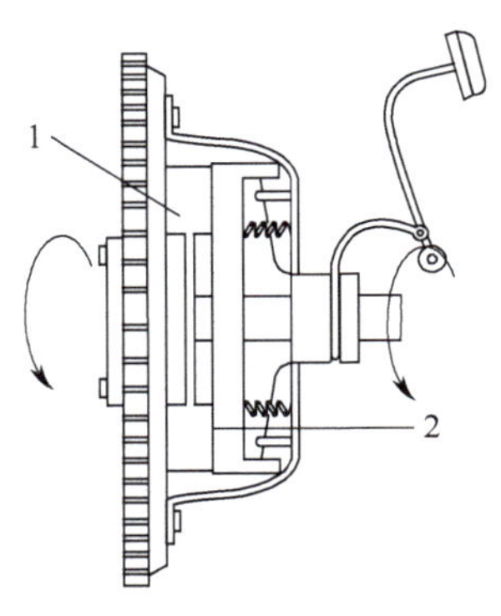

踩下离合器前，摩擦盘在压盘的作用力下，迫使摩擦盘与飞轮一起转动，传递动力

（a）踩离合器前

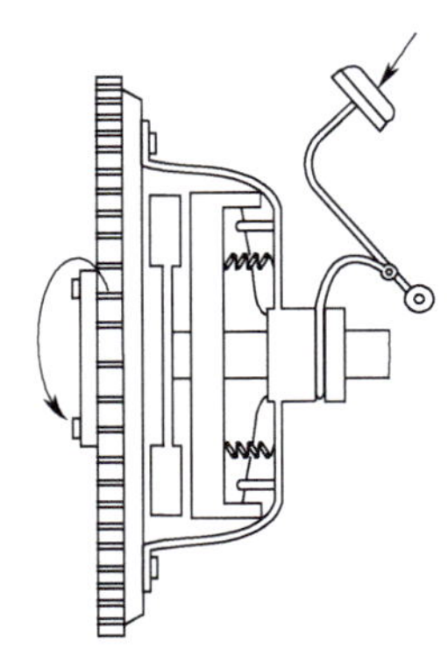

踩下离合器后，在分离器的作用下，压盘向右移动，摩擦盘与飞轮分离，中断动力传递

（b）踩离合器后

图 1-2-2 摩擦离合器工作原理示意图

1—摩擦盘；2—压盘

（2）分离过程。分离离合器时，驾驶员踩下离合器踏板，分离套筒和分离轴承在分离叉的推动下，先消除分离轴承与分离杠杆内端之间的间隙，然后推动分离杠杆内端前移，使分离杠杆外端带动压盘克服压紧弹簧作用力后移，摩擦作用消失，离合器的主、从动部分分离，中断动力传动。

（3）接合过程。接合离合器时，驾驶员缓慢抬起离合器踏板，在压紧弹簧的作用下，压盘向前移动并逐渐压紧从动盘，使接触面间的压力逐渐增加，摩擦力矩也逐渐增加。当飞轮、压盘和从动盘之间接合还不紧密时，所能传动的摩擦力矩较小，离合器的主、从动部分有转速差，离合器处于打滑状态。随着离合器踏板的逐渐抬起，飞轮、压盘和从动盘之间的压紧程度逐渐紧密，主、从动部分的转速也渐趋相等，直到离合器完全接合而停止打滑，接合过程结束。

3. 离合器踏板自由行程

离合器在正常接合状态下，分离杠杆内端与分离轴承之间应留有一个间隙，一般为几毫米，这个间隙称为离合器自由间隙。如果没有自由间隙，从动盘摩擦片磨损变薄后，压盘将不能向前移动压紧从动盘，这将导致离合器打滑，使离合器所能传动的转矩下降，车辆行驶无力，而且会加速从动盘的磨损。

为了消除离合器的自由间隙以及操纵机构零件的弹性变形，所需要的离合器踏板行程称为离合器踏板自由行程，如图 1-2-3 所示。可以通过拧动调节叉来改变分离拉杆的长度对踏板自由行程进行调整。

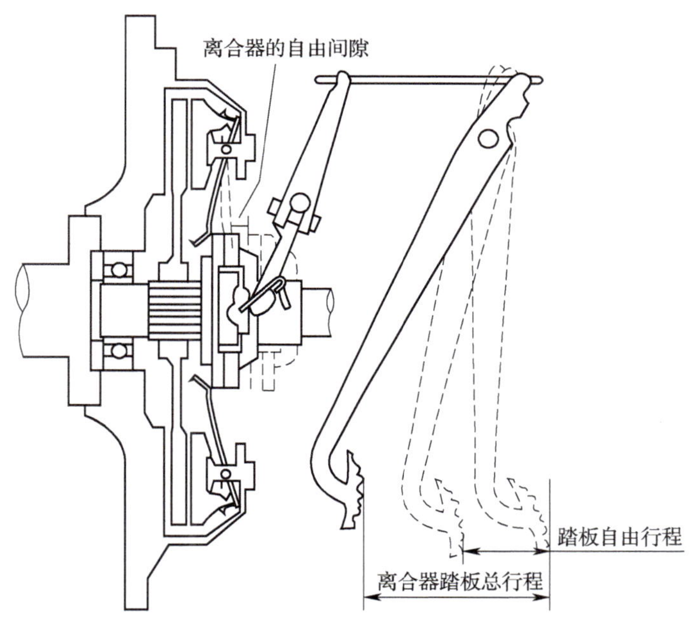

图 1-2-3 离合器踏板自由行程示意图

三、膜片弹簧离合器

1. 膜片弹簧离合器的组成

膜片弹簧离合器由主动部分、从动部分、压紧机构和操纵机构组成。

主动部分由飞轮、离合器盖和压盘组成。离合器盖通过螺栓固定在飞轮上，为了保持正确的安装位置，离合器盖通过定位销进行定位。压盘与离合器盖之间通过周向均布的三组或四组传动片传递转矩。传动片用弹簧钢片制成，每组两片，一端用铆钉铆在离合器盖上，另一端用螺钉连接在压盘上。

从动部分包括从动盘和从动轴，从动盘一般都带有扭转减振器。发动机传到传动系的转速和转矩是周期性变化的，它使传动系产生扭转振动，这将使传动系的零部件受到冲击性交变载荷，使寿命下降、零件损坏。采用扭转减振器可以有效地防止传动系的扭转振动。带扭转减振器的从动盘的结构和原理如图 1-2-4 所示。

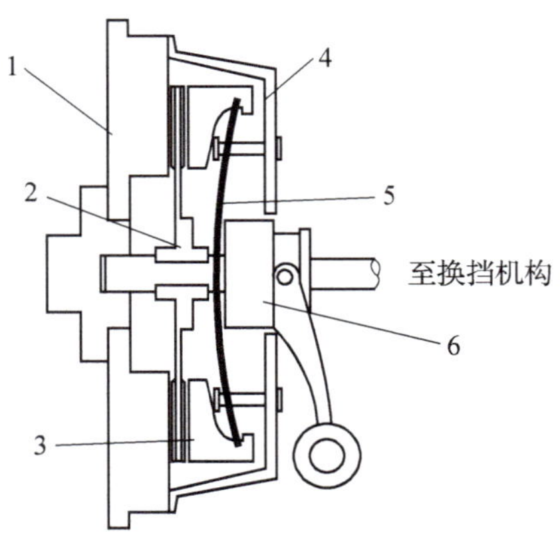

图 1-2-4 膜片弹簧离合器的组成

1—调速轮；2—离合器片；3—压力板；4—离合器盖罩；5—膜片弹簧；6—断开轴承

2. 膜片弹簧离合器的工作原理

膜片弹簧离合器的工作原理如图 1-2-5 所示。当离合器盖未安装到飞轮上时，膜片弹簧不受力处于自由状态，此时离合器盖与飞轮之间有一距离，当离合器盖通过螺栓固定在飞轮上时，膜片弹簧在支撑环处受压产生弹性变形，此时膜片弹簧的外圆周对压盘产生压紧力使离合器处于接合状态。当踩下离合器踏板时，分离轴承推动膜片弹簧，使膜片弹簧以支撑环为支点，其外圆周向后翘起，通过分离钩拉动压盘后移使离合器分离。

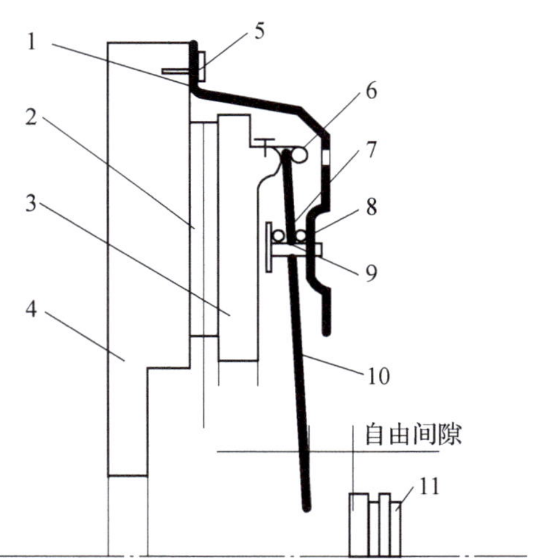

图 1-2-5 膜片弹簧离合器的工作原理

1—离合器盖；2—从动盘；3—压盘；4—飞轮；5—螺栓；6—分离弹簧钩；7—内钢丝支撑环；8—外钢丝支撑环；9—铆钉；10—膜片弹簧；11—分离轴承

小知识：电磁离合器

电磁离合器靠线圈的通、断电来控制离合器的接合与分离。

电磁离合器可分为干式单片电磁离合器、干式多片电磁离合器、湿式多片电磁离合器、磁粉离合器、转差式电磁离合器等。

电磁离合器的工作方式又可分为通电结合和断电结合。

干式单片电磁离合器的工作原理：线圈通电时产生磁力吸合“衔铁”片，离合器处于接合状态；线圈断电时“衔铁”弹回，离合器处于分离状态。

干式多片、湿式多片电磁离合器的工作原理：原理同上，另外增加几个摩擦副，同等体积转矩比干式单片电磁离合器大，湿式多片电磁离合器工作时必须有油液或其他冷却液冷却。

任务实施

步骤 1：各小组通过平时坐出租车、公交车，观察汽车在起步时，驾驶员是怎样操作的。根据驾驶需要，简述汽车起步时驾驶员的操作。

步骤 2：叙述离合器的功用，从教学实物中找出不同类型的离合器。每小组对应说出各种离合器的名称及其应用在什么样的汽车上。

步骤 3：指出摩擦式离合器每一部分的名称。每个小组对应拆解完的摩擦式离合器，一一指出每一个部件的名称，并知道各部分的连接关系，为以后的拆卸课做准备。

步骤 4：重点学习膜片弹簧离合器，指出各部分的名称。通过摩擦式离合器的结构，对应膜片弹簧离合器，说出各部分名称，并说出膜片弹簧的作用。

任务1.2.2　离合器操纵机构

任务要求

1. 知道离合器操纵机构的分类。
2. 熟悉离合器机械式操纵机构的基本组成。
3. 掌握离合器液压式操纵机构的构造。
4. 了解弹簧助力式操纵机构的原理。

相关知识

离合器的操纵机构是驾驶员借以使离合器分离又使之柔和接合的一套机构，它起始于离合器踏板，终止于分离杠杆。

离合器操纵机构分为人力式和助力式。人力式操纵机构是以驾驶员作用在踏板上的力作为唯一的操纵能源，助力式操纵机构除了驾驶员的力以外，一般主要以其他形式的能源作为操纵能源。人力式又可以分为机械式和液压式；助力式又可以分为气压助力式和弹簧助力式。

一、机械式操纵机构

机械式操纵机构有杆系传动和绳索传动两种形式。

杆系传动机构如图 1-2-6 所示，其结构简单，工作可靠，广泛应用于各型汽车上。但杆系传动中杆件间铰接多，摩擦损失大，车架或车身变形以及发动机位移时会影响其正常工作。

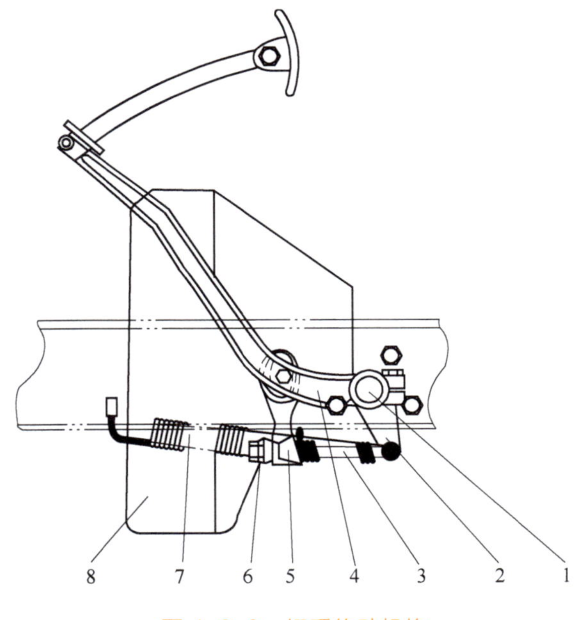

图 1-2-6　杆系传动机构

1—踏板轴；2—拉臂；3—拉杆；4—踏板；5—分离叉臂；6—调整螺母；7—踏板回位拉簧；8—分轮壳

绳索传动机构如图 1-2-7 所示，可消除杆系传动机构的一些缺点，并能采用便于驾驶员操纵的吊挂式踏板，但绳索寿命较短，拉伸刚度较小，故只适用于轻型、微型汽车和乘用车。

二、液压式操纵机构

液压式离合器操纵机构如图 1-2-8 所示，主要由离合器踏板、储液罐、进油软管主缸、工作缸、油管总成、分离叉、分离轴承等组成。

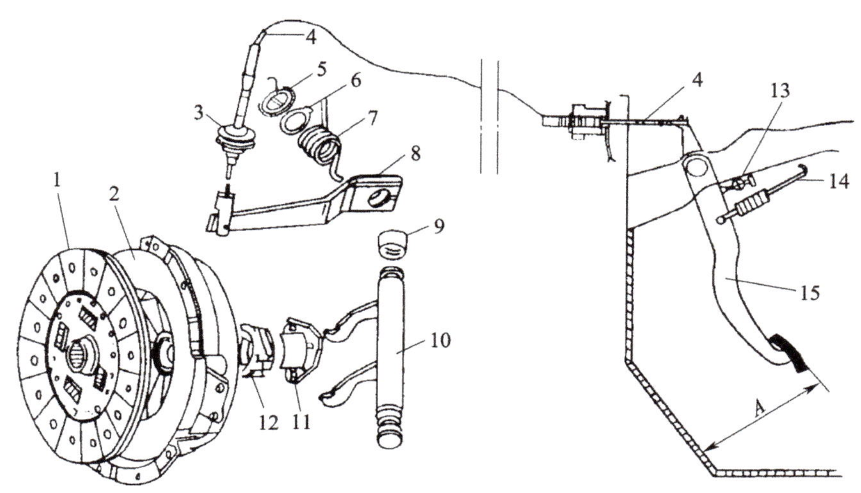

图 1-2-7 绳索传动机构

1—从动盘；2—离合器盖总成；3—调整螺母；4—操纵绳索；5—轴承衬套及防尘罩；6—卡环；7—复位弹簧；8—分离叉传动臂；9—黄铜衬套；10—分离叉；11—分离套筒；12—分离轴承；13—高度调节螺钉；14—回位弹簧；15—离合器踏板；*A*—踏板高度

三、弹簧助力式操纵机构

为了尽可能减小作用于离合器踏板上的力，减轻驾驶员的劳动强度，在有的离合器操纵机构中采用弹簧助力式操纵机构，如图 1-2-9 所示。

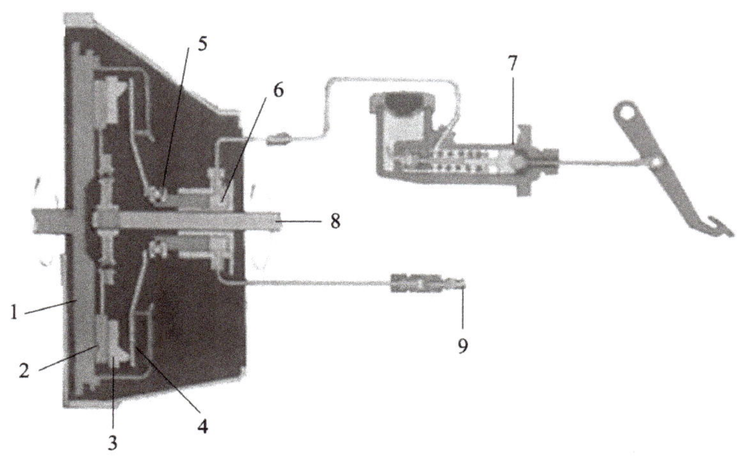

图 1-2-8 离合器液压操纵机构

1—飞轮；2—从动盘；3—压盘；4—膜片弹簧；5—分离轴承；6—工作缸；7—主缸；8—变速器输入轴；9—放气阀

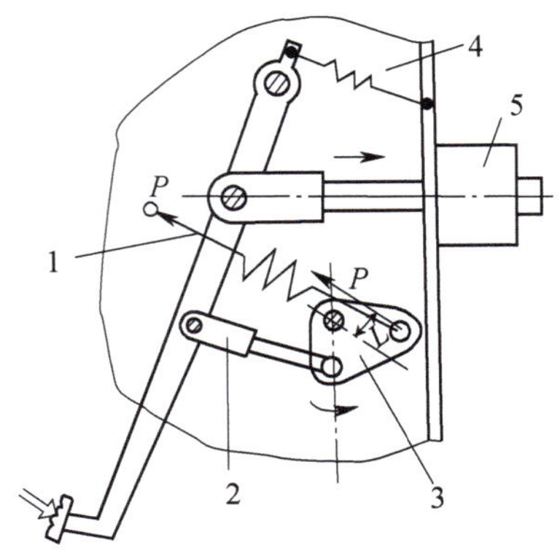

图 1-2-9　弹簧助力式操纵机构

1—助力弹簧；2—长度可调推杆；3—可转三角；4—支架板；5—主缸

四、气压助力式操纵机构

气压助力式操纵机构主要由控制阀、助力缸和气压管路组成，如图 1-2-10 所示。

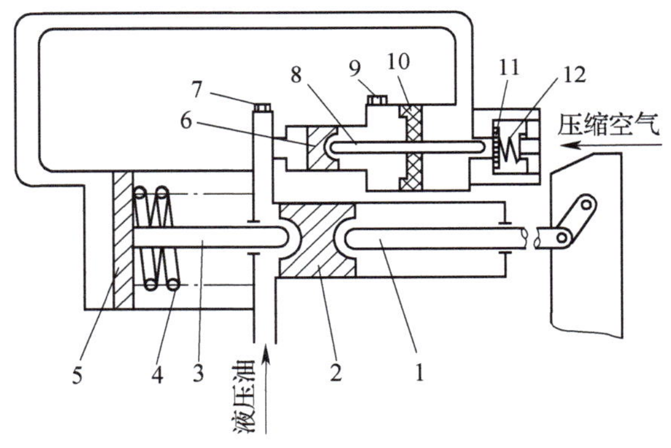

图 1-2-10　气压助力式操纵机构

1—助力器推杆；2—液压活塞；3—推杆；4—动力活塞回位弹簧；5—动力活塞；6—活塞；7—排气螺钉；8—芯杆；9—通气塞；10—膜片；11—提升阀；12—提升阀回位弹簧

小知识：驾驶起步

汽车起步五步骤：一踩（离合器）；二挂（一挡）；三打（左转灯）；四按（喇叭）；五捏（提手制动）。先观察后视镜（从右向左），再观察前方，然后用“三联动”起步（先轻踩油门稳住，松左脚尖至半联动后脚不动，稍踩油门再把手刹推到底；平稳起步后左脚微松开一点不动，然后再加油，待速度上升后迅速把左脚踩到底换二挡；换挡后先松抬左脚后加油，关闭左转灯，起步完成。

任务实施

步骤 1：查阅资料找出离合器操纵机构的类型。

各小组通过了解离合器的整体构造，在学习了离合器基本结构组成之后，了解离合器操纵机构的组成及工作原理。

步骤 2：找出实物教具中的离合器操纵机构，说明属于哪一种类型。

通过实物，认识离合器的操纵机构，并分别了解每一种操纵机构的工作原理，以及各部分组成部件，指出各自的特点和应用。每一种离合器操纵机构都有其不同的特点，掌握每一类的特点、工作情况，有助于以后的检测和维修。

步骤 3：着重分析液压式离合器操纵机构。

液压式离合器操纵机构是目前广泛应用的一种离合器操纵机构，分组分别分析它的组成、工作原理及工作特性。

步骤 4：小组讨论，分析操纵机构是怎样助力的，你有什么好办法？

任务1.2.3　拆装离合器

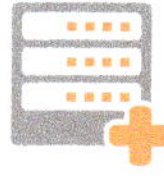

任务要求

1. 能熟练、正确使用拆装工具。
2. 能保护零部件在拆装过程中不受损坏。
3. 能独立进行离合器拆装。

相关知识

摩擦式离合器是手动变速器中主要应用的离合器，而膜片弹簧离合器则是应用最广泛的一种，下面主要介绍膜片弹簧离合器及液压式离合器拆装的过程及注意事项。

一、膜片弹簧离合器的拆装

（1）松开发动机的固定螺栓。

（2）将发动机与变速器脱开。

（3）吊出发动机，放置于平台上，如图 1-2-11 所示。

（4）松开离合器盖总成固定螺栓（内六角），如图 1-2-12 所示。

图 1-2-11　发动机与离合器总成

图 1-2-12　固定离合器总成的内六角螺栓

（5）打开离合器总成，取出主动盘与从动盘，如图 1-2-13 ~ 图 1-2-16 所示。

图 1-2-13　离合器总成

图 1-2-14　拆卸时固定离合器

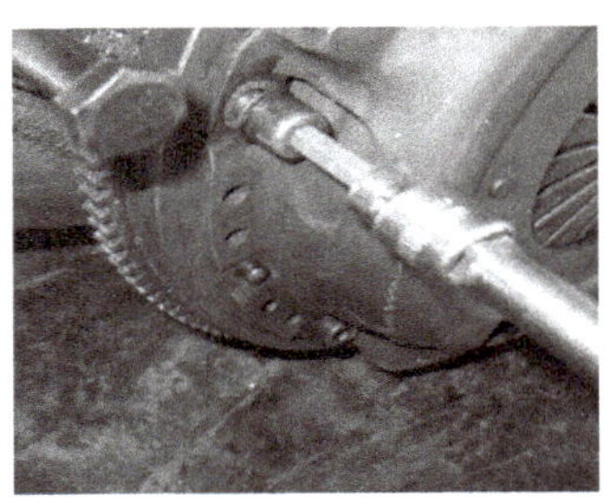

图 1-2-15　松开螺栓

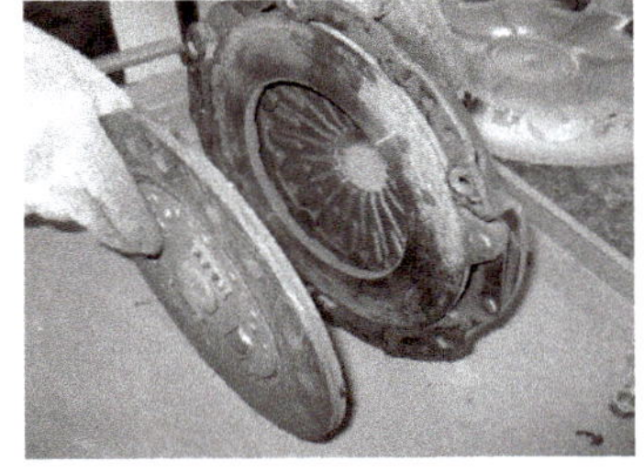

图 1-2-16　主动盘与从动盘

注意：

把发动机与变速器的固定螺栓拧一个在发动机上面，在松开离合器的固定螺栓的时候用平头螺丝刀卡在飞轮上的齿牙中，以方便拧出螺栓。

二、液压式操纵机构的分解

（1）拆下液压式操纵机构：离合器踏板、主缸（储液罐、分离轴承、助力弹簧）、输油管路及工作缸，如图 1-2-17 ~ 图 1-2-19 所示。

（2）拆解工作缸，如图 1-2-20 所示。

图 1-2-17 离合器踏板

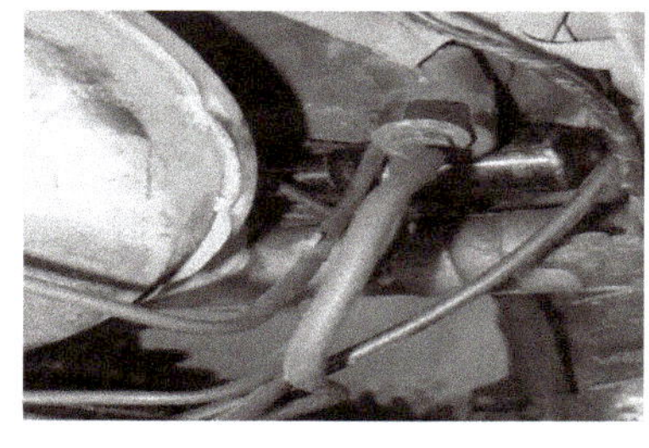

图 1-2-18 油管

图 1-2-19 工作缸

图 1-2-20 工作缸内部

三、离合器的安装

安装与拆卸基本相反，如图 1-2-21 所示。应注意在安装的过程中需先插入发动机输出轴，目的是为了固定摩擦片与压盘的中心位置。用变速器一轴将从动盘与飞轮固定，起导向作用。

图 1-2-21 离合器安装

四、离合器拆装注意事项

（1）前期连接件的拆卸。拆卸传动轴使变速器输出端凸缘和传动轴分解；拆卸变速器固定螺栓，并用拆卸变速器小车将变速器顶起；拆卸离合器助力缸和摇臂连接叉；拆卸离合器壳固定螺栓，将变速器拉出并露出离合器，变速器输入轴不和离合器接触。

（2）从飞轮上拆下离合器时，应仔细检查离合器盖及平衡垫片原来有的记号，如没有记号，应打上记号再开始拆卸。

（3）分解离合器时，为了防止离合器盖变形及零件弹出，应在台虎钳或专有工装上分解。

（4）分解离合器前，应该预先在离合器盖及压盘上做出装配的标记，以防止破坏离合器本身的平衡。

（5）将拆下来的零件分类按顺序排好，并清洗干净，以防止错乱。

（6）检查分离轴承及分离套筒，清洗并润滑。

（7）检查从动盘，应特别注意从动盘毂铆钉及减振器的磨损，如损坏应更换从动盘总成。

（8）离合器装配时，应注意零件间的相互次序，不能错装。离合器压盘装配完后，有条件的最好进行动平衡试验。

（9）确定各部分无疑后，将离合器安装到飞轮上，安装顺序和拆卸相反。

五、离合器自由行程调整

离合器踏板的自由行程，是指离合器膜片弹簧内端与分离轴承之间的间隙在踏板上的反映。

踏板自由行程过小，即在放松离合器踏板处于结合状态时，分离轴承仍与膜片弹簧内端保持接触，这样，将会加速分离轴承的损坏。如果膜片弹簧受到分离轴承的推压，在传送发动机转矩时，将会使离合器产生打滑。

踏板自由行程过大，则使分离轴承推动膜片弹簧前移的行程缩短，压盘向后移动的距离也随之缩短，不能完全解除压盘对从动盘的压力，从而不能使离合器彻底分离，造成换挡困难。

踏板自由行程可以用专用量尺测量，也可以用直尺测量。先测出踏板自由状态时的高度，然后再测出当轻踏板踩下到感觉到有阻力的高度，前后高度之差就是踏板的自由行程。

机械式踏板的自由行程是通过旋动分离拉杆上的调整螺母，改变分离拉杆的有效长度来调整的；液压式踏板的自由行程为调整分离轴承与分离杠杆之间的间隙和主缸推杆与活塞之间的间隙。

自由行程的大小根据汽车维修手册查找。

六、液压操纵系统排气

离合器液压操纵系统在经过检修之后，管路内可能进入空气；在添加制动液时也可能使液压系统中进入空气。空气进入后，由于缩短了主缸推杆行程即踏板工作行程，从而使离合器分离不彻底。因此，液压系统检修后或怀疑液压系统进入空气时，就要排除液压系统中的空气。排除方法如下：

（1）将主缸储液罐中的制动液加至规定高度。升起汽车。

（2）在工作缸的放气阀上安装一软管，接到一个盛有制动液的容器内。

（3）排空气需要两个人配合工作，一人慢慢地踏离合器踏板数次，感到有阻力时踏住不动，另一人拧松放气阀直至制动液开始流出，然后再拧紧放气阀。

（4）连续按上述方法操作几次，直到流出的制动液中不见气泡为止。

（5）空气排除干净之后，需要再次检查及调整踏板自由行程。

任务实施

步骤 1：分小组叙述应该如何做好拆装工作前的准备，布置好实训场地。

步骤 2：分组布置拆装任务，描述拆装过程中的安全注意事项。

保证拆装过程中的安全，是实训的基本要求，每一位组员都能顺利地完成任务，学到知识，并学以致用。

步骤 3：教师讲解，每位组长演练，之后每位组员单独完成拆装过程。

步骤 4：研究液压式操纵机构如何调整离合器踏板自由行程。通过学习绳索式操纵机构调整踏板自由行程的方法，来探究液压式操纵机构的调整方法，并找出两种类型的区别和不同的注意事项。

步骤 5：通过实际观察和动手操纵，理解自由行程过大和过小的危害。每个小组的成员练习完调整之后要反馈在操纵中遇到的问题，联系实际并理解调整的重要性。

步骤 6：总结实训过程中发现的问题，及时改正。

在操纵中如果发生错误，让同组人员将其指出并改正，有利于加深对知识的反思和巩固。

小知识：离合器打滑

离合器打滑的症状：损失动力，油耗增加，加速离合器的磨损。最简单的判断方法就是看速度表到50 km/h时挂5挡狠踏油门，如果发动机转速表和速度表的攀升速度不成正比，就是离合器打滑。

离合器打滑的不良影响：

（1）离合器打滑会损耗动力、上坡回滑（危险）、行驶无力、反牵引不足、加剧离合器和飞轮的磨损。

（2）分离不彻底会造成变速器齿轮、传动轴、差速器的瞬间损坏，并不同程度地损坏发动机。

项目小结

任务		主要内容	备注
任务 1.2.1	离合器构造	1. 离合器功用：平稳起步、顺利换挡、防止过载。 2. 分类：摩擦式离合器、膜片弹簧离合器。 3. 构造：主动部分、从动部分、压紧机构和操纵机构、摩擦片，膜片弹簧	都是常结合离合器
任务 1.2.2	离合器操纵机构	机械式、液压式、弹簧助力式、气压助力式	
任务 1.2.3	拆装离合器	1. 踏板自由行程：为了消除离合器的自由间隙以及操纵机构零件的弹性变形，所需要的离合器踏板行程称为离合器踏板自由行程。可以通过拧动调节叉来改变分离拉杆的长度对踏板自由行程进行调整。 2. 液压操纵系统排气。两人合作，反复踩离合器踏板，直至没有气泡为止	

项目评价

评价项目	评分标准	分数	学生自评	小组互评	小计
团队合作	分工明确，合作较好，否则扣分	10			
操作过程	学生自主学习能力强，动手操纵性强，否则按相应项目扣分	60			
创新点	通过排气，能知道液压操纵系统有气体，离合器会发生哪些故障，无创新点扣分	10			
任务方案	完整、合理	10			
完成情况	圆满完成	10			
	总分	100			
教师评价					

职业技能鉴定指导

一、判断题

（1）离合器装在发动机与变速器之间，通过离合器的分离与接合，来控制发动机与变速器之间动力的切断与传递。（　　）

（2）离合器从动盘摩擦片经使用磨损后，离合器的自由间隙及自由行程会变小，应及时调整。（　　）

（3）离合器自由行程过小，会导致手动变速器挂挡困难。（　　）

（4）离合器的自由行程过小是导致离合器分离不彻底的主要原因。（　　）

二、选择题

（1）（　　）踏板时，必须测量调整制动踏板的自由行程。

A．修理　　B．修复　　C．更换　　D．以上均正确

（2）（　　）会导致汽车离合器分离不彻底。

A．液压操纵系统有空气　　B．离合器自由行程过小

C．飞轮磨损过甚　　D．离合器壳损坏

（3）踩下离合器后，先挂挡再进行汽车起步时，车辆不移动的故障原因是（　　）。

A．同步器损坏　　B．离合器严重打滑

C．离合器分离不彻底　　D．离合器自由行程过小

（4）汽车起步时，将离合器踩到底仍感到挂挡困难，或虽强行挂入，但未抬离合器踏板，车就前移或造成熄火，以下不是造成上述现象的原因是（　　）。

A．离合器从动盘曲翘　　B．离合器踏板自由行程过大

C．离合器片过度磨损　　D．离合器片正反面装错

（5）当离合器压盘（　　）时，会出现离合器打滑故障。

A．磨损过薄　　B．润滑不良

C．冷却不良

项目 1.3 手动变速器

学习目标

1. 了解手动变速器的变速过程；
2. 知道手动变速器的结构；
3. 了解同步器的结构及同步原理；
4. 知道手动变速器操纵机构的类型及特点。

项目导入

汽车上广泛采用的往复活塞式内燃机具有转矩变化范围小、转速高等特点。汽车在行驶过程中，复杂的行驶条件则要求汽车的驱动力和车速在相当大的范围内变化。为了解决这一矛盾，在传动系中设置了变速器。

通过学习本项目，了解手动变速器的结构和工作原理，以及手动变速器的操纵机构的结构与调整。

思维导图

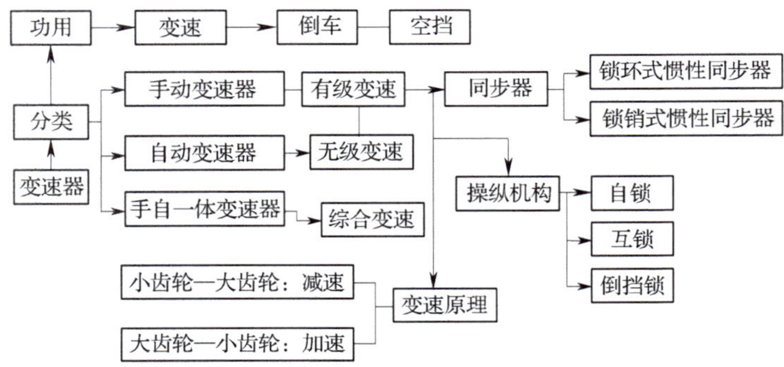

任务1.3.1　变速器原理

任务要求

1. 知道变速器的功用。
2. 能描述变速器的分类。
3. 能叙述手动变速器传动的基本原理。

相关知识

一、变速器功用

1. 实现变速

汽车上所应用的发动机具有转矩变化范围小、转速高的特点，这与汽车实际的行驶状况是不相适应的。如果没有变速器而直接将发动机与驱动桥连接起来，首先由于发动机的转矩小，不能克服汽车的行驶阻力，使汽车根本无法起步；其次既使汽车行驶起来，也会由于车速太高而不实用，甚至无法驾控。所以必须改造发动机的转矩、转速特性，使发动机的转矩增大、转速下降以适应汽车实际行驶的要求。变速器中是通过不同的挡位来实现这一功能的。

2. 实现倒车

发动机的旋转方向从前往后看为顺时针方向，且不能改变，为了实现汽车的倒向行驶，变速器中设置了倒挡。

3. 实现空挡

在发动机起动、怠速运转、变速器换挡、汽车滑行和暂时停车等情况下，都需要中断发动机的动力传动，因此变速器中设有空挡。

二、变速器类型

现代汽车上采用的变速器有多种结构形式，一般可以按照传动比和操纵方式进行分类。

1. 按传动比分类

变速器按传动比的级数可分为有级式、无级式和综合式三种。

（1）有级式变速器。有级式变速器采用齿轮传动，具有若干个定值传动比。乘用车和轻、中型货车变速器多采用 3 ~ 5 个前进挡和一个倒挡，每个挡位对应一个传动比。重型汽车行驶的路况复杂，变速器的挡位较多，可有 8 ~ 20 个挡位。

（2）无级式变速器。无级式变速器的英文缩写为 CVT，它的传动比变化是连续的。目前的无级式变速器一般都是采用金属带传递动力，通过主、从动带轮直径的变化实现无级变速。这种变速器在中、高级乘用车上的应用越来越多。

（3）综合式变速器。综合式变速器是由液力变矩器和有级齿轮式变速器组成的，一般都是由微处理器来自动控制换挡，所以多把这种变速器称为自动变速器。这种变速器的传动比可在最大值与最小值之间的几个间断的范围内做无级变化，目前应用较多。

2. 按操纵方式分类

按变速器操纵方式可分为手动变速器、自动变速器和手动自动一体变速器三种。

（1）手动变速器。手动变速器的英文缩写为 MT，即 Manual Transmission 的缩写。它是通过驾驶员用手操纵变速杆来选定挡位，并直接操纵变速器的换挡机构进行挡位变化。齿轮式有级变速器大多数都采用这种换挡方式，如图 1–3–1 所示。

（2）自动变速器。自动变速器的英文缩写为 AT，即 Automatic Transmission 的缩写。这种变速器的控制系统根据发动机的负荷和车速的变化情况自动地选定挡位，并进行挡位变换，即自动地改变传动比，驾驶员只需要操纵加速踏板控制车速。换挡手柄如图 1–3–2 所示。

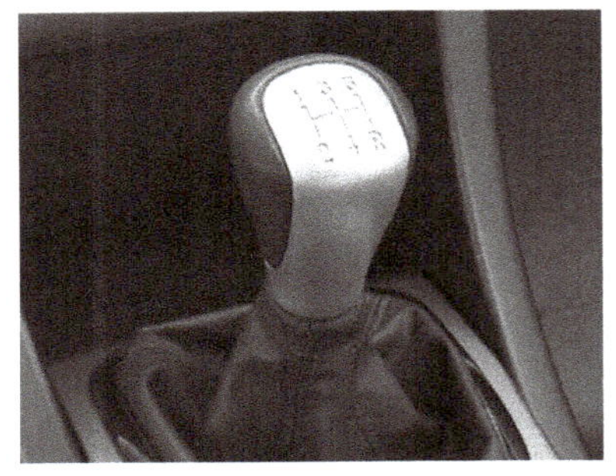

图 1-3-1　手动变速器换挡手柄

图 1-3-2　自动变速器换挡手柄

（3）手动自动一体变速器。这种变速器可以自动换挡，也可以手动换挡，换挡手柄如图 1-3-3 所示。

图 1-3-3　手动自动一体变速器换挡手柄

三、变速原理

变速原理是利用不同齿数的齿轮啮合传动来实现转矩和转速的改变。

齿轮传动的基本原理如图 1-3-4 所示，一对齿数不同的齿轮啮合传动时可以实现变速，而且两齿轮的转速比与其齿数成反比。设主动齿轮转速为 n_1，齿数为 z_1，从动齿轮转速为 n_2，齿数为 z_2，主动齿轮（即输入轴）转速与从动齿轮（即输出轴）转速之比值称为传动比，用字母 i 表示。即由齿轮 1 传到齿轮 2 的传动比

$$i_{12}=\frac{n_1}{n_2}=\frac{z_2}{z_1}$$

当小齿轮为主动齿轮，带动大齿轮传动时，输出转速降低，即 $n_2<n_1$，称为减速传动，此时传动比 $i_{12}>1$，如图 1-3-4（a）所示；大齿轮驱动小齿轮时，输出转速升高，即 $n_2>n_1$，称为增速传动，此时传动比 $i_{12}<1$，如图 1-3-4（b）所示。这就是齿轮传动的变速原理。汽车变速器就是根据这一原理利用若干个大小不同的齿轮副传动而实现变速的。

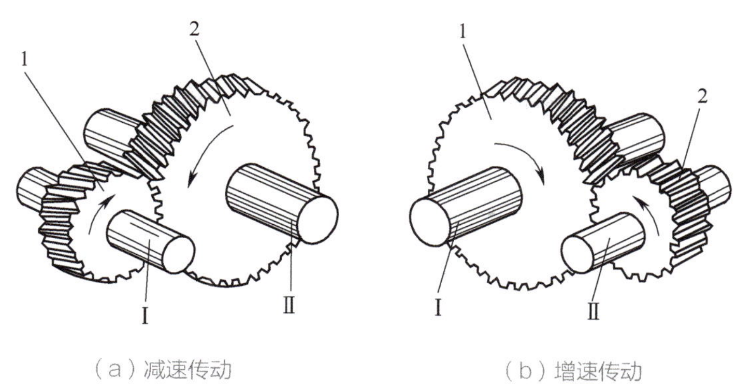

（a）减速传动　　（b）增速传动

图 1-3-4　齿轮传动的基本原理

Ⅰ—输入轴；Ⅱ—输出轴；1—主动齿轮；2—从动齿轮

小知识：行星齿轮

行星齿轮除了能像定轴齿轮那样围绕着自己的转动轴（B—B）转动之外，它们的转动轴还随着支架（称为行星架）绕其他齿轮的轴线（A—A）转动，如图1-3-5所示。绕自己轴线的转动称为“自转”，绕其他齿轮轴线的转动称为“公转”，就像太阳系中的行星那样，因此得名。

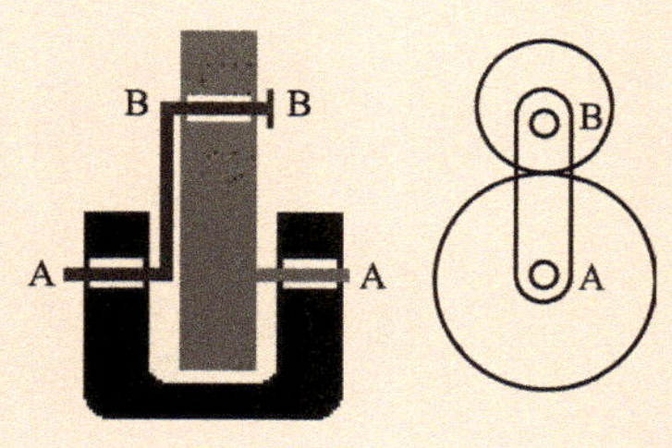

图 1-3-5　行星齿轮

任务实施

步骤 1：分小组通过变速器实体，指出变速器的功用。

手动变速器有一些挡位，学会试着挂挡，感觉不同挡位车速的变化，以及汽车的行驶状态，通过实际操作感觉变速器的用途。

步骤 2：找出不同类型的变速器，观察不同点。

不同类型的变速器用在不同驱动形式的汽车上，联系前面学习的传动系的布置形式，理解不同变速器的联系与区别。

步骤 3：观察变速器在不同挡位时齿轮的啮合关系，理解手动变速器的变速过程。

手动变速器主要是靠齿轮啮合形式的不一样，来改变传动速度和传动路线，通过观察和实际操作，理解变速过程，更容易接受。

任务1.3.2　变速器结构

任务要求

1. 掌握手动变速器的结构，各部件的名称。
2. 知道各挡位的传动路线。
3. 了解两轴和三轴的变速器的传动区别。

相关知识

手动变速器包括变速传动机构和变速操纵机构两大部分。变速传动机构的主要作用是改变转矩的大小和方向，操纵机构的作用是实现换挡。

变速传动机构是变速器的主体，按工作轴的数量（不包括倒挡轴）可分为二轴式变速器（见图 1-3-6（a））和三轴式变速器（见图 1-3-6（b））。

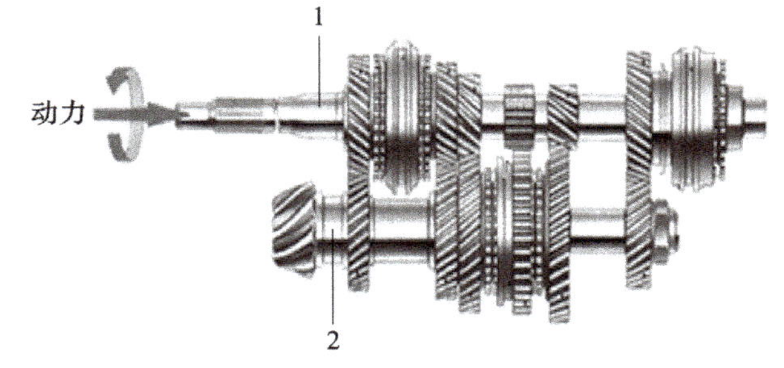

（a）二轴式变速器

1—第一轴；2—第二轴

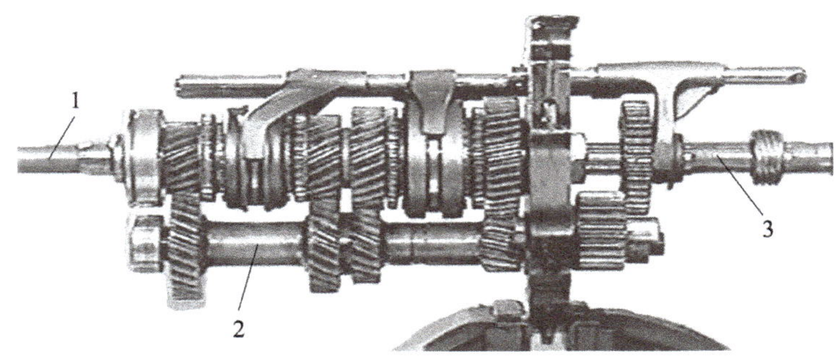

（b）三轴式变速器

1—第一轴；2—中间轴；3—第二轴

图 1-3-6　二轴式和三轴式变速器

一、二轴式变速器的变速传动机构

桑塔纳 2000 型轿车二轴式变速器传动机构示意如图 1-3-7 所示。

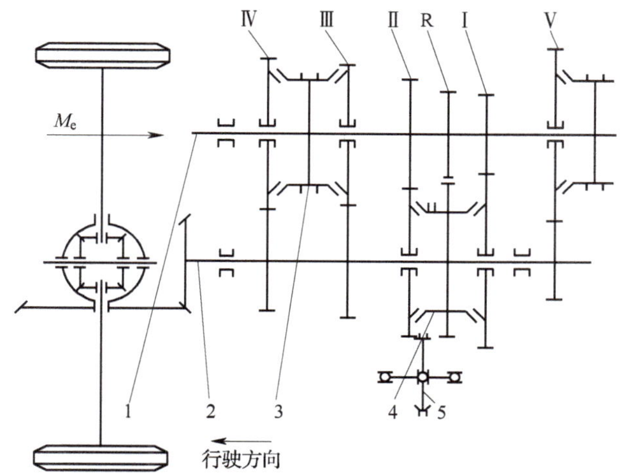

图 1-3-7　桑塔纳 2000 型轿车二轴式变速器传动机构示意图

1—输入轴；2—输出轴；3—三、四挡变速器；4— 一、二挡同步器；5—倒挡中间齿轮；
Ⅰ— 一挡齿轮；Ⅱ—二挡齿轮；Ⅲ—三挡齿轮；Ⅳ—四挡齿轮；Ⅴ—五挡齿轮；R—倒挡齿轮

各挡动力传动路线见表 3-1。

表 3-1　桑塔纳 2000 型轿车五挡手动变速器各挡动力传递路线

挡位	动力传递路线
一	变速器操纵杆从空挡向左、向前移动，实现： 动力→输入轴→输入轴上一挡齿轮→输出轴上一挡齿轮→输出轴上一、二挡同步器→输出轴→动力输出
二	变速器操纵杆从空挡向左、向后移动，实现： 动力→输入轴→输入轴上二挡齿轮→输出轴上二挡齿轮→输出轴上一、二挡同步器→输出轴→动力输出
三	变速器操纵杆从空挡向前移动，实现： 动力→输入轴→输入轴上三、四挡同步器→输入轴上三挡齿轮→输出轴上三挡齿轮→输出轴→动力输出
四	变速器操纵杆从空挡向后移动，实现： 动力→输入轴→输入轴上三、四挡同步器→输入轴上四挡齿轮→输出轴上四挡齿轮→输出轴→动力输出
五	变速器操纵杆从空挡向右、向前移动，实现： 动力→输入轴→输入轴上五挡同步器→输入轴上五挡齿轮→输出轴→动力输出
倒	变速器操纵杆从空挡向右、向后移动，实现： 动力→输入轴→输入轴上倒挡齿轮→倒挡轴上倒挡齿轮→输出轴上倒挡齿轮→输出轴→动力输出

二、三轴式变速器变速传动机构

三轴式变速器用于发动机前置后轮驱动的汽车。以东风 EQ1092 型商用车变速器为例介绍其工作原理，如图 1-3-8 所示。该变速器有三根主要的传动轴，分别为一轴、二轴和中间轴，所以称为三轴式变速器。另外还设有倒挡轴。

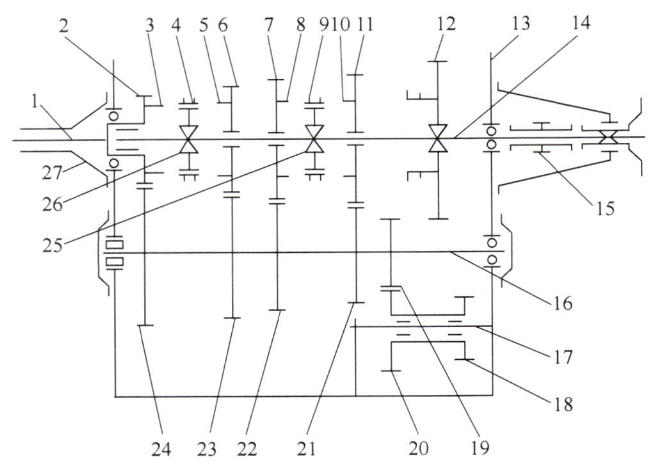

图 1-3-8 东风 EQ1092 型商用车三轴式变速器

1——轴；2——轴常啮合齿轮；3——轴常啮合齿轮接合齿圈；4、9—接合套；5—四挡齿轮接合齿圈；6—二轴四挡齿轮；7—二轴三挡齿轮；8—三挡齿轮接合齿圈；10—二挡齿轮接合齿圈；11—二轴二挡齿轮；12—二轴一、二倒挡直齿滑动齿轮；13—变速器壳体；14—二轴；15—回油螺纹；16—中间轴；17—倒挡轴；18、20—倒挡中间齿轮；19—中间轴一挡、倒挡齿轮；21—中间轴二挡齿轮；22—中间轴三挡齿轮；23—中间轴四挡齿轮；24—中间轴常啮合齿轮；25、26—花键毂；27——轴轴承盖

该变速器为五挡变速器，各挡位传动情况如下：

（1）空挡。二轴上的各接合套、传动齿轮均处于中间空转的位置，动力不传给第二轴。

（2）一挡。前移一、二倒挡直齿滑动齿轮，与中间轴一挡齿轮 19 啮合。动力经一轴齿轮、中间轴常啮合齿轮 24、中间轴齿轮 19、二轴一挡、倒挡齿轮 12，传到第二轴使其顺时针旋转（与第一轴同向）。

（3）二挡。后移接合套 9 与二轴二挡齿轮 11 的接合齿圈 10 啮合。动力经齿轮 2、24、21、11，齿圈 10，接合套 9，花键毂 25，传到二轴使其顺时针旋转。

（4）三挡。前移接合套 9 与二轴三挡齿轮 7 的接合齿圈 8 啮合。动力经齿轮 2、24、22、7，齿圈 8，接合套 9，花键毂 25，传到二轴使其顺时针旋转。

（5）四挡。后移接合套 4 与二轴四挡齿轮 6 的接合齿圈 5 啮合。动力经齿轮 2、24、23、6，齿圈 5，接合套 4，花键毂 26，传到二轴使其顺时针旋转。

（6）五挡。前移接合套 4 与一轴常啮合齿轮 2 的接合齿圈 3 啮合。动力直接由一轴、齿轮 2、齿圈 3、接合套 4、花键毂 26，传到二轴，传动比为 1，由于二轴的转速与一轴相同，故此挡称为直接挡。

（7）倒挡。后移二轴上的一挡、倒挡直齿滑动齿轮 12 与倒挡齿轮 18 啮合。动力经齿轮 2、24、19、20、18、12，传给二轴使其逆时针旋转，汽车倒向行驶。倒挡传动路线与其他挡位相比较，由于多了倒挡中间齿轮的传动，所以改变了二轴的旋转方向。

任务实施

步骤 1：分小组分别找出各零部件，认识每一个部件。

变速器结构大体分两大部分：变速传动机构和变速操纵机构，将变速传动机构的散件认识一遍，也是为后期学习变速器拆装打好基础。

步骤 2：练习挂挡，观察每一挡位动力的传动路线。

观察不同齿轮的啮合之后，编写各挡位的动力传动路线。

步骤 3：分别让每一位小组成员挂一个挡位，叙述这个挡位的传动路线。

每挂一个挡位，研究一个挡位的传动路线，更容易理解。

任务1.3.3　同步器结构

任务要求

1. 熟悉同步器的结构，各部件的名称。
2. 知道同步器的作用。
3. 能说明同步器的工作原理。

相关知识

一、同步器功用

使接合套与待啮合齿圈迅速同步，缩短换挡时间，同时防止啮合时齿间冲击。

二、同步器结构

同步器由同步装置、锁止装置、接合装置组成。

主要部件有同步环、滑块、接合套、花键毂、挡圈，如图 1–3–9 所示。

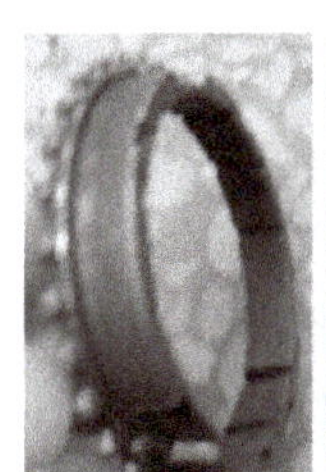   

图 1–3–9　同步器组成件

三、同步器分类

锁环式惯性同步器，如图 1-3-10 所示。

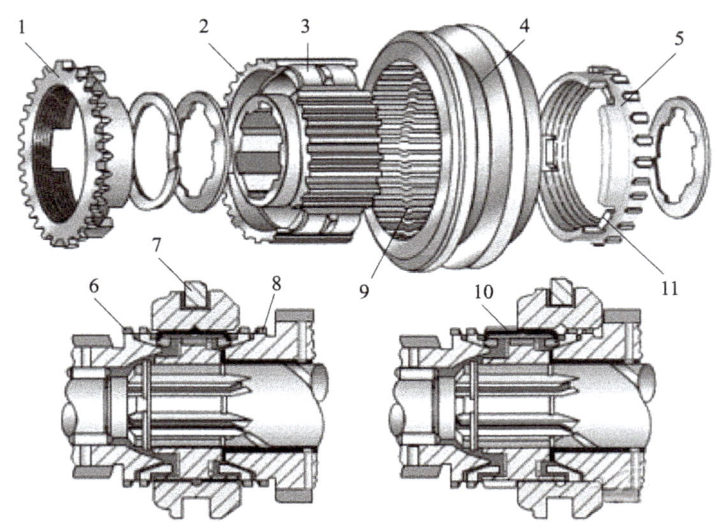

图 1-3-10　锁环式惯性同步器

1—锁环；2—花键毂；3，10—定位滑块；4—接合套；5—锁环；6，8—齿圈；7—拔叉；9—定位凹槽；11—缺口

锁销式惯性同步器如图 1-3-11 所示。

图 1-3-11　锁销式惯性同步器组成件

四、同步器工作原理

变速器上采用的是惯性同步器，它主要由接合套、同步锁环等组成，它的特点是依靠摩擦作用实现同步。接合套、同步锁环和待接合齿轮的齿圈上均有倒角（锁止角），同步锁环的内锥面与待接合齿轮齿圈外锥面接触产生摩擦。锁止角与锥面在设计时已做了适当选择，锥面摩擦使得待啮合的齿套与齿圈迅速同步，同时又会产生一种锁止作用，防止齿轮在同步前进行啮合。当同步锁环内锥面与待接合齿轮齿圈外锥面接触后，在摩擦力矩的作用下齿轮转速迅速降低（或升高）到与同步锁环转速相等，两者同步旋转，齿轮相对于同步锁环的转速为

零，因而惯性力矩也同时消失，这时在作用力的推动下，接合套不受阻碍地与同步锁环齿圈接合，并进一步与待接合齿轮的齿圈接合而完成换挡过程，如图 1-3-12 所示。

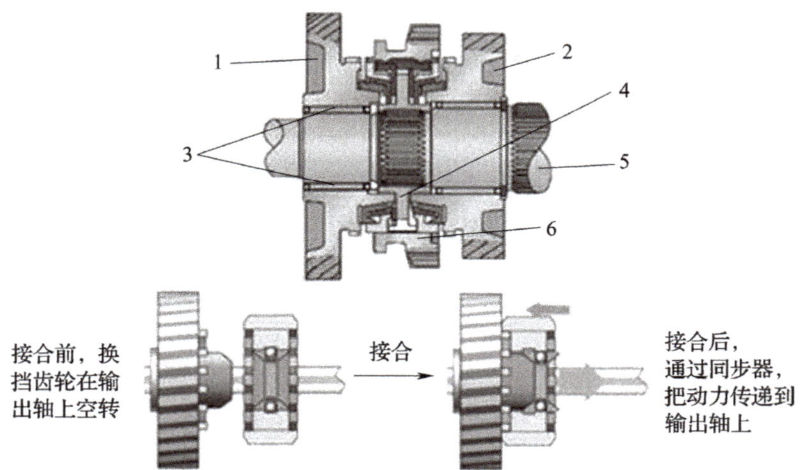

图 1-3-12 同步器的工作原理图

1— 一挡换挡齿轮；2—二挡换挡齿轮；3—滚针轴承；4— 一、二挡同步器；5—动力输出轴；6—滑套

小知识：同步器换挡

旧式变速器的换挡要采用“两脚离合”的方式，升挡在空挡位置停留片刻（但是离合器需要抬起来，目的是为了让离合器片也要和飞轮同步，转速必须一致才可顺利挂挡，如果换挡慢了，转速落到怠速，也无法挂进去），减挡要在空挡位置（同时保持离合器抬起）轻踩油门，以减少齿轮的转速差。但这个操作比较复杂，难以掌握精确。因此设计师创造出了“同步器”，通过同步器使将要啮合的齿轮达到一致的转速而顺利啮合。

任务实施

步骤 1：分组分别在变速器上找出同步器，叙述同步器的结构及功用。观察不同类型的同步器，及其之间的区别，加强对同步器的认识。

步骤 2：拆装同步器，认识每一个零部件，并说出其名称。

动手拆装，能对同步器的结构有所了解，进一步认识其零部件。

步骤 3：反复挂挡，观察同步器在挂挡时的功用和工作原理。

每挂一个挡位，看同步器各零部件之间是如何协作完成挂挡的。

任务1.3.4　变速器操纵机构

任务要求

1. 知道手动变速器操纵机构的类型。
2. 熟悉手动变速器操纵机构的结构。
3. 知道变速器操纵机构定位锁止装置的工作原理。

相关知识

一、操纵机构分类

手动操纵机构有直接操纵式和远距离操纵式两种，其功用是保证驾驶员能准确可靠地使变速器换入某个挡位。

1. 直接操纵式

如果变速器布置在驾驶员座位附近，则变速杆可以从驾驶室底板伸出，由驾驶员直接操纵。这种操纵机构称为直接操纵机构。它一般由变速杆、拨叉、拨叉轴以及安全锁止装置组成。如图 1-3-13 所示为解放 CA1091 型商用车六挡变速器直接操纵机构。

各种变速器由于挡位数及挡位排列位置不同，其拨叉和拨叉轴的数量及排列位置也不相同。例如，图 1-3-13 中的六挡变速器的 6 个前进挡用了三根拨叉轴，倒挡独立使用了一根拨叉轴，共有四根拨叉轴。而东风 EQ1092 的五挡变速器具有三根拨叉轴，其二、三挡和四、五挡各用一根拨叉轴，一挡和倒挡共用一根拨叉轴。

2. 远距离操纵机构

当变速器在汽车上布置的位置离驾驶员座位较远时，则需要在变速杆与拨叉等内部操纵机构之间加装一套传动机构或辅助杠杆进行操纵。这种操纵机构称为远距离操纵机构，如图 1-3-14 所示。

二、锁止装置

1. 自锁原理

自锁钢球被自锁弹簧压入拨叉轴的相应凹槽内，起动锁止挡位的作用，防止自动换挡和自动脱挡。换挡时，驾驶员施加于拨叉轴上的轴向力克服弹簧与钢球的自锁力时，钢球便克服弹簧的预压力而升起，拨叉轴移动，当钢球与另一凹槽处对正时，钢球又被压入凹槽内，此动作传到操纵杆上，使驾驶员具有“手感”，如图 1-3-15 所示。

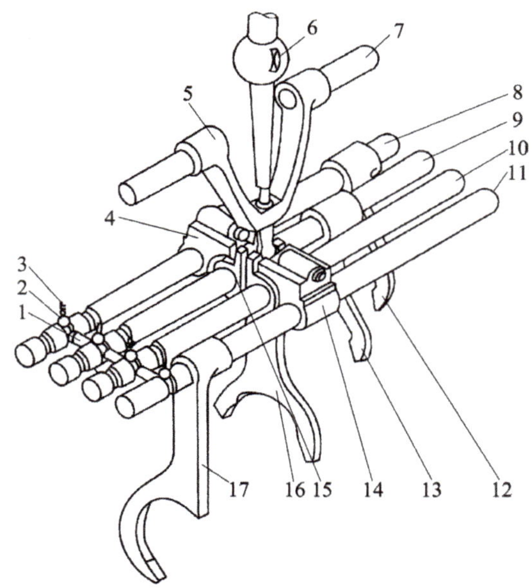

图 1-3-13 解放 CA1091 型商用车六挡变速器直接操纵机构

1—互锁销；2—自锁钢球；3—自锁弹簧；4—倒挡拨块；5—叉形拨杆；6—变速杆；7—换挡轴；8—倒挡拨叉轴；9—一、二挡拨叉轴；10—三、四挡拨叉轴；11—五、六挡拨叉轴；12—倒挡拨叉；13— 一、二挡拨叉；14—五、六挡拨块；15— 一、二挡拨块；16—三、四挡拨叉；17—五、六挡拨叉

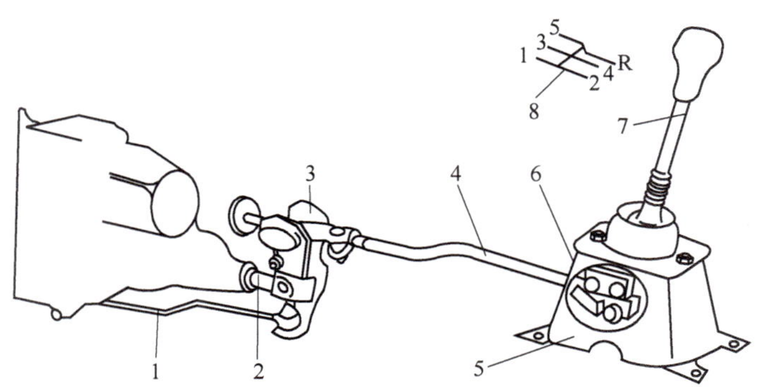

图 1-3-14 远距离操纵机构

1—支撑杆；2—内变速杆；3—变速杆接合器；4—外变速杆；5—倒挡保险挡块；6—换挡手柄座；7—变速杆；8—换挡标记

2. 互锁原理

当变速器处于空挡位置时，所有拨叉轴的侧面凹槽同钢球、顶销都在同一直线上。如图 1-3-16 所示，在移动中间拨叉轴 2 时，轴 2 两侧的钢球从其侧面凹槽中被挤出，两侧面外钢球 4、6 分别嵌入拨叉轴 1 和 3 的侧面凹槽中，将轴 1 和 3 锁止在空挡位置。若要移动拨叉轴 3，必须先将拨叉轴 2 退回至空挡位置，拨叉轴 3 移动时钢球 4 从凹槽挤出，通过顶销 5 推动另一侧两个钢球移动，拨叉轴 1、2 均被锁止在空挡位置上。同样，移动拨叉轴 1 时，轴 2 和 3 被锁止在空挡位置。

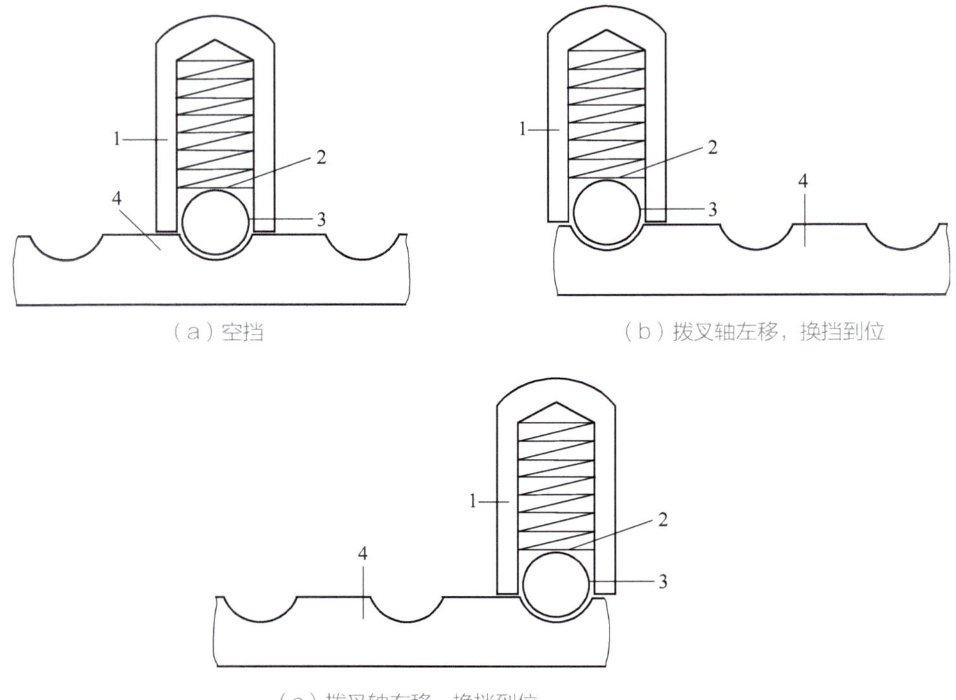

图 1-3-15 自锁原理

1—变速器盖；2—自锁弹簧；3—自锁钢球；4—拨叉轴

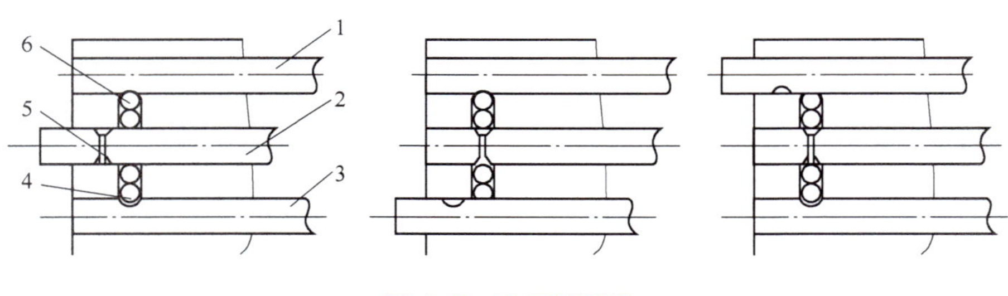

图 1-3-16 互锁原理

任务实施

步骤 1：叙述换挡锁止机构原理。分组练习换挡操纵机构。练习挂挡，观察操纵机构之间的联系，零部件之间的变化关系。

步骤 2：观察不同类型的操纵机构在换挡时的不同。不同的操纵机构，换挡过程很相似，但零部件之间会有区别。

步骤 3：拆装自锁和互锁装置，熟悉零部件名称，理解自锁和互锁的工作原理。自锁和互锁装置结构较复杂。分别拆装加深理解。

任务1.3.5 拆装变速器

任务要求

1. 能拆装手动变速器传动机构。
2. 能分析变速器力的传动路线。
3. 能拆装操纵机构。

相关知识

一 、变速器总成的分解

（1）把变速器放在修理台或修理架上，放出变速器机油。

（2）将变速器后盖拆下，取出调整垫片和密封圈。

（3）小心地将第三、四挡换挡滑杆向第三挡方向拉至小的挡块取出，将换挡杆重新推至空挡位置。

注意：

换挡滑杆不能拉出太远，否则同步器内的挡块会弹出来，使换挡滑杆不能回到空挡位置。

（4）倒挡和一挡齿轮同时啮合，锁住轴，旋下主动锥齿轮螺母。

（5）用工具顶住输入轴的中心，取下输入轴的挡圈和垫片。

（6）用拉器拉出输入轴的向心轴承。

（7）若没有专用工具，先旋出壳体和后盖的连接螺栓，用塑料锤（或木槌）敲击输入轴的前端和后壳体，直至后盖和后壳体结合处出现松动。

（8）变速器壳体固定在台钳上，钳口应有较软的金属保持垫片，以防夹坏机件。

（9）取出第三、四换挡拨叉的夹紧套筒，将第三、四换挡杆往回拉，直至可以将第三、四换挡杆拨叉取出为止。

（10）将换挡拨叉重新放在空挡位置，取出输入轴。

（11）压出倒挡齿轮轴，并取出倒挡齿轮。

（12）用小冲头冲出一、二挡换挡拨块上的弹性销，并取出弹性夹片。

（13）用工具拉出输出轴总成。

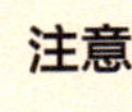

注意：

在拉出输出轴总成的同时，应注意一、二挡拨叉轴的间隙，以防卡住。

二、变速器输入轴总成的分解与组装

（1）输入轴总成的分解。拆下挡圈，取下四挡齿轮，用压床压出三、四挡同步器齿毂。

（2）输入轴总成的组装。

① 组装好三挡齿轮和轴承，压入三、四挡齿毂齿套，齿毂内花键倒角朝向三挡齿轮的方向。

② 压入一、二挡齿毂齿套，齿毂和齿套安装时，槽应对着一挡齿轮。

③ 安装滑块弹簧时，其开口错开 120 °，弹簧弯曲端须固定在滑块内。

三、变速器输出轴总成的分解与组装

（1）输出轴总成的分解。先压出一挡齿轮和轴承，压出二挡齿轮和同步器总成，压出三挡齿轮和四挡齿轮。

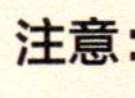

注意：

压出前应拆下各轴向挡圈。

（2）输出轴总成的组装。

① 压入四挡齿轮时，齿轮的凸肩应朝向轴承。

② 四挡齿轮的挡圈与挡圈槽的间隙应尽量小些，可通过选择厚度合适的挡圈来达到。

③ 将三挡齿轮通过加热板加热至 120℃后压入，凸肩朝向四挡齿轮。

④ 同步器的组装。一挡同步环有 3 个位置缺齿，这种同步环只能用于一挡，更换时，也可以使用不缺齿的，备件号为 014311295D。组装一、二挡同步器时，齿毂上有槽的一面朝向一挡，即朝向齿套拨叉环这一侧。

⑤ 将一、二挡同步器总成压入到轴上，齿毂有槽的一面朝向一挡齿轮（即朝后）。然后再装入一挡齿轮中的滚针轴承，套上一挡齿轮后，最后压入双列滚锥轴承。

⑥ 如果要更换输出轴前后轴承，那么应从变速器前后壳体中分别压出和压入轴承外座圈，应当平整的压入。

四、变速器的装配

变速器变速传动机构组装时按分解的逆顺序进行。

（1）压入输出轴总成。压入输出轴总成时，要将换挡杆与第一、二挡换挡拨叉和输出轴总成一起装入后壳体，然后再压入后轴承。压入时，请注意第一、二挡换挡滑杆的活动间隙，必要时，轻轻敲击以免卡住。

（2）安装一、二挡拨块，压入弹性销，安装倒挡齿轮，压入轴。

（3）安装输入轴时，要拉回三、四挡拨叉能够装入滑动齿套为止，同时应位于空挡位置，并用弹性销固定好拨叉。

（4）放好新的密封环，将输入轴、输出轴和后壳体一起与壳体用 M8 × 45 的螺栓连接。紧固力矩为 25 N · m。

（5）使用支撑桥将输入轴支撑住。

（6）压入输入轴的向心轴承或组合式轴承。向心轴承保持架密封面对着后壳体，而组合式轴承的滚柱对着后壳体。

（7）安装上三、四挡拨叉轴上的小止动块，拧紧输出轴螺母力矩为 100 N · m。将换挡叉轴置于空挡位置。

注意：

变速器不能拉出太远，否则同步器内的止动块可能弹出来。变速滑杆可能不能再压回到空挡位置。这种情况下须重新拆卸变速器，将3个锁块压到同步器齿套内并推入滑动套筒。

五、手动变速器操纵机构的拆装

以桑塔纳 2000 轿车五挡手动变速器的操纵机构为例进行介绍，如图 1–3–17 所示为该操纵机构分解图。

（1）上换挡杆的拆卸。拆下换挡手柄，取下防尘罩。取下仪表板。拆下固定在上换挡杆的弹簧锁圈（注意锁圈一经拆卸，就要更换），取下挡圈和弹簧。拆下换挡杆支架。拆下变速控制器罩壳，使上、下换挡杆脱离。

（2）上换挡杆的安装。上换挡杆的安装按照与拆卸相反的顺序进行，但要注意以下事项：检查所有零件的完好情况，更换已经损坏的零件；润滑衬套和挡圈；调整上换挡杆；用快干胶固定换挡手柄。

（3）换挡杆支架的拆卸。取下换挡手柄和防尘罩。拆下锁圈、挡圈和弹簧（锁圈一经拆卸，就要更换）。拆下换挡杆支架的固定螺栓，取下换挡杆支架。换挡杆支架只有加润滑油时才分解，一旦发现任何零件损坏，就要全部更换。

（4）换挡杆支架的安装。用润滑脂润滑换挡杆支架内部件，装上换挡杆支架，螺栓不用旋紧，将换挡杆支架上的孔与变速操纵机构罩壳上的孔对准，用 10 N · m 的力矩旋紧螺栓。装上弹簧挡圈和新的锁圈。检查各挡的啮合情况。装上防尘罩和手柄。

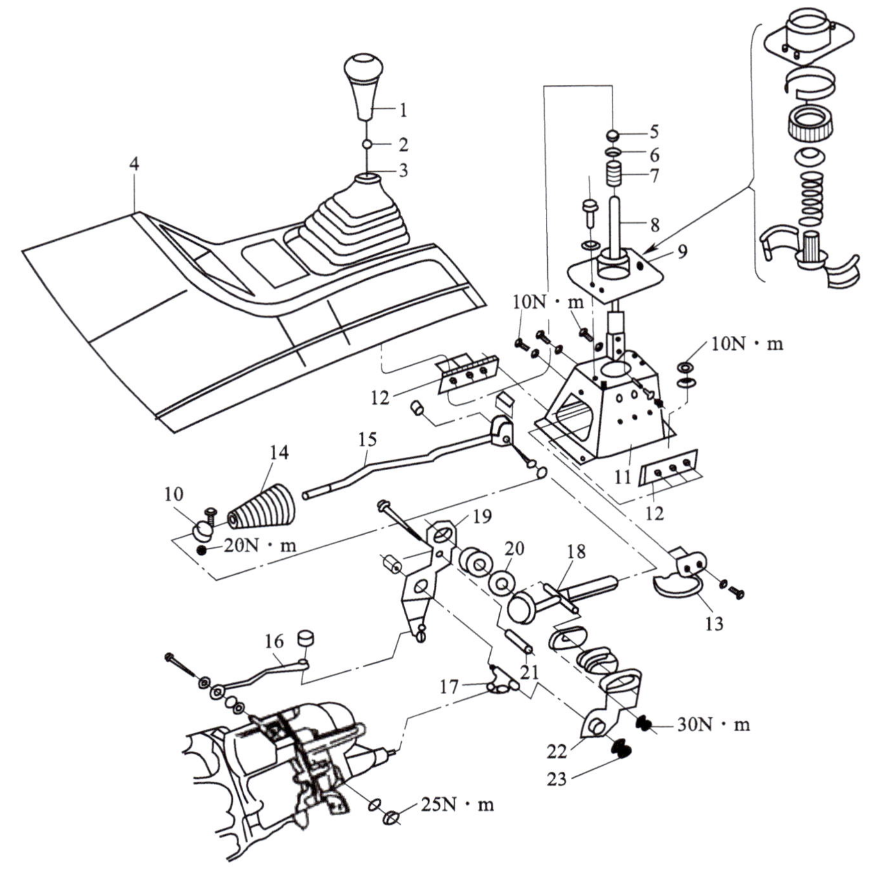

图 1-3-17　桑塔纳 2000 轿车五挡手动变速器操纵机构分解图

1—换挡手柄；2—防尘罩衬套；3—防尘罩；4—仪表板；5—锁圈；6—挡圈；7—弹簧；8—上换挡杆；9—换挡杆支架；10—夹箍；11—变速杆罩壳；12—缓冲垫；13—倒挡缓冲垫；14—密封罩；15—下换挡杆；16—支撑杆；17—离合块；18—换挡连接套；19—轴承右侧压板；20—罩盖；21—支撑轴；22—轴承左侧压板；23—塑料衬套

六、注意事项

（1）严格按照拆装程序并注意操作安全。
（2）注意各零件、部件的清洗和润滑。
（3）分解变速器时不能用手锤直接敲击零件，必须采用铜棒或硬木垫进行敲击。
（4）拆装过程中注意自锁和互锁钢球装置各零件的安装顺序。
（5）按规定的扭矩拧自锁和互锁螺栓。

任务实施

步骤 1：每组选择一台两轴式变速器，观察其外形结构。

各小组通过观察，想一下外部零部件的拆卸及顺序，思考使用的工具。

步骤 2：教师讲解变速器输入总成和输出总成的拆装过程，学生动手操作。

输入轴总成和输出轴总成上的变速齿轮和同步器需要专用的工具拆卸，在教师的指导下对整个拆卸过程有了更进一步的理解，进行标准化、规范化操作。

步骤 3：装配变速器总成，与拆卸过程相对比，每个零部件的顺序与拆卸过程相反。

在装配过程中，注意各零部件的装配方向，注意细节，变速器每个零部件的配合都有一定的间隙，配合不标准，会对零部件造成极大的损伤，影响变速器的寿命。

步骤 4：分析自锁装置与互锁装置的结构及原理。

项目小结

任务		主要内容	备注
任务 1.3.1	变速器原理	1. 变速器功用：变速、倒挡、空挡。 2. 变速器分类：手动变速器、自动变速器、手自一体变速器。 3. 手动变速器变速原理：大、小齿轮啮合改变转速	
任务 1.3.2	变速器结构	2. 两轴变速器、三轴变速器。 3. 前进挡、倒挡、空挡	
任务 1.3.3	同步器结构	1. 同步器的功用是使接合套与待啮合齿圈迅速同步，缩短换挡时间，同时防止啮合时齿间冲击。 2. 同步器由同步装置、锁止装置、接合装置组成。主要部件有同步环、滑块、接合套、花键毂、挡圈。 3. 分类：锁环式惯性同步器、锁销式惯性同步器	
任务 1.3.4	变速器操纵机构	自锁、互锁、倒挡锁	
任务 1.3.5	拆装变速器	注意：1. 严格按照拆装程序并注意操作安全。 2. 注意各零件、部件的清洗和润滑	

项目评价

评价项目	评分标准	分数	学生自评	小组互评	小计
团队合作	团队和谐，分工明确	10			
操作过程	分析具体问题，主动动手、积极思考，操作规范	60			
创新点	拆装思考有逻辑性，有创新点	10			
任务方案	完整、合理，步骤清晰	10			
完成情况	按时圆满完成	10			
	总分	100			
教师评价					

职业技能鉴定指导

一、填空题

（1）变速器在进行一级维护的检查时，首先应将变速器手柄置于（　　）挡位置。

A．前进　　B．停车　　C．倒车　　D．空

（2）变速器的主动齿轮的齿数是 58，中间齿轮的齿数是 232，从动齿轮的齿数是 116，其传动比是（　　）。

A．0.25　　B．0.5　　C．2　　D．4

（3）变速器增加了超速挡可以（　　）。

A．提高发动机转速　　B．降低发动机负荷

C．提高动力性　　D．提高经济性

（4）关于汽车变速器的装配关系，以下哪种说法正确？（　　）

A．变速器换挡叉轴与变速器之间是过盈配合

B．变速器换挡叉轴与变速器盖之间用螺栓固定

C．变速器上的换挡叉与换挡叉轴之间用螺栓固定

D．变速器上的换挡叉与换挡叉轴之间是过盈配合

（5）汽车变速器齿轮端面间隙可用（　　）进行检验。

A．百分表　　B．千分尺　　C．塞尺　　D．卡尺

（6）以下是关于同步机构的表述，错误的是（　　）。

A．同步器防止换挡时齿轮损坏

B．同步器利用同步环的摩擦使换挡时两个转速不同的齿轮同步

C．换挡时，踩下离合器踏板两次来操作同步机构

D．同步机构使换挡更平顺

（7）同步器式换挡装置是在接合套换挡结构的基础上，在接合套与接合齿圈之间加装了一套同步装置，当接合套与接合齿圈（　　）一致时可换挡，否则，就挂不上挡。

A．匀速　　B．加速　　C．线速度　　D．角速度

二、判断题

（1）变速器的挡位越低，传动比越小，汽车的行驶速度越低。（　　）

（2）手动变速器在拆装时应注意零部件上的标记和配合要求。（　　）

项目1.4 自动变速器

学习目标

1. 了解自动变速器的组成和类型；
2. 知道自动变速器的使用要求；
3. 了解常见自动变速器的结构和工作原理。

项目导入

为了降低驾驶员的劳动强度，提高驾驶安全性，汽车的装备越来越人性化、现代化。汽车驾驶性能的好坏，除与汽车本身的结构有关外，还取决于正确的控制和操纵。自动变速器通过系统的设计，能使整车自动去完成这些使用要求，以获得最佳的燃料经济性和动力性，使得驾驶性能与驾驶员的技术水平关系不大，因而特别适合于非职业驾驶员驾驶。而且装备自动变速器的汽车采用电子控制自动换挡，不再需要驾驶员操纵离合器，减轻了驾驶员的劳动强度。

学习本项目可以简单了解自动变速器的结构及工作原理，对汽车自动变速器有一个初步认识。

思维导图

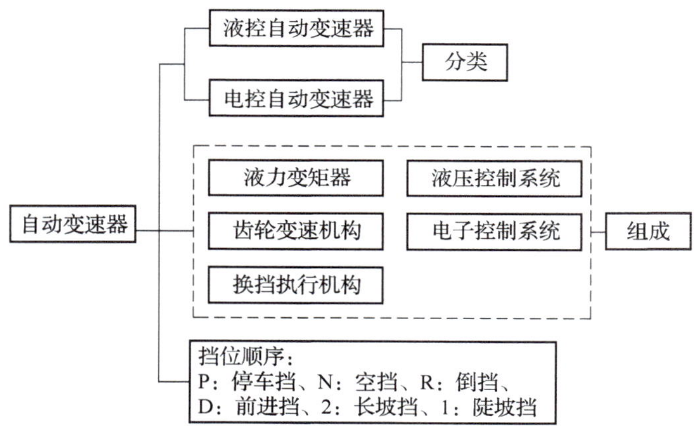

任务1.4.1　自动变速器组成

任务要求

1. 了解自动变速器的组成及功用。
2. 了解自动变速器的分类。
3. 知道自动变速器的优缺点。

相关知识

一、自动变速器类型

1. 按变速形式分类

自动变速器按变速形式的不同，分为有级变速器和无级变速器两种。有级变速器是具有几个定值传动比的变速器（一般有 4 ~ 7 个前进挡，一个倒挡）。

无级变速器是指变速器的传动比在一定范围内连续变化的变速器，在一些小排量的轿车上有一定的应用。

2. 按控制方式分类

（1）液控液动自动变速器。自动变速器中的执行机构根据节气门开度控制的节气门油压和车速控制的速控油压决定换挡时刻，完成自动换档（液控自动变速器现已淘汰）。

（2）电控液动自动变速器。电子控制单元根据节气门开度信号和车速信号决定换挡时刻，控制换挡电磁阀进行自动换挡控制。

3. 按结构类型分类

自动变速器按齿轮类型的不同，分为普通齿轮式和行星齿轮式两种。

二、自动变速器特点

1. 自动变速器的优点

手动变速器由于其传动效率高、工作可靠、结构比较简单等优点，仍被广泛地应用在各种汽车上。但其缺点是换挡过程操作复杂，换挡过程中易造成变速器零部件的损坏，而且驾驶员也容易疲劳。现在装用自动变速器的车辆越来越多。和手动变速器相比，装用自动变速器的车辆具有下列优点：

（1）发动机和传动系统寿命高。装有自动变速器的汽车与装有手动变速器的汽车的对比试验表明：前者发动机的寿命可提高 85%，变速器的寿命提高 12 倍，传动轴和驱动半轴的寿命可提高 75% ~ 100%。原因是装用自动变速器的汽车靠液力传动，使汽车起步和加速过程更加平顺，而且能够缓冲和衰减传动系的扭转振动，防止传动系过载，减少冲击载荷，因而提高了相关零部件的使用寿命。

（2）驾驶性能好。自动变速器通过系统的设计，能使整车自动去完成使用要求，获得最佳的燃料经济性和动力性。而且装备自动变速器的汽车采用电子控制自动换挡，不再需要驾驶员操纵离合器和变速器，减轻了驾驶员的劳动强度。

（3）安全性好。在车辆行驶过程中，驾驶员必须根据道路、交通条件的变化，对车辆的行驶方向和速度进行改变和调节。以城市大客车为例，平均每分钟换挡 3 ~ 5 次，且每次换挡有 6 ~ 10 个手脚协调动作。正是由于这种连续不断的频繁操作，使驾驶员的注意力被分散，而且易产生疲劳，造成交通事故增加。如果是以减少换挡，操纵加速踏板代替换挡变速，那样又会牺牲燃油经济性。装用自动变速器的车辆，取消了离合器踏板和变速操纵杆，只要控制加速踏板，就能自动变速，从而减轻了驾驶员的劳动强度，使行车事故率降低，平均车速提高。

2. 自动变速器的缺点

目前自动变速器还存在着两方面的缺点：

（1）结构较复杂，生产和维修成本高。与手动变速器相比，自动变速器结构相对复杂，生产和维修成本较高。

（2）传动效率不够高。与手动变速器相比，自动变速器的传动效率要低一些，约为 83% ~ 85%。

三、自动变速器组成

电子控制自动变速器通常由液力变矩器、齿轮变速系统、换挡执行机构、液压控制系统和电子控制系统五部分组成。图 1-4-1 所示为自动变速器结构简图。

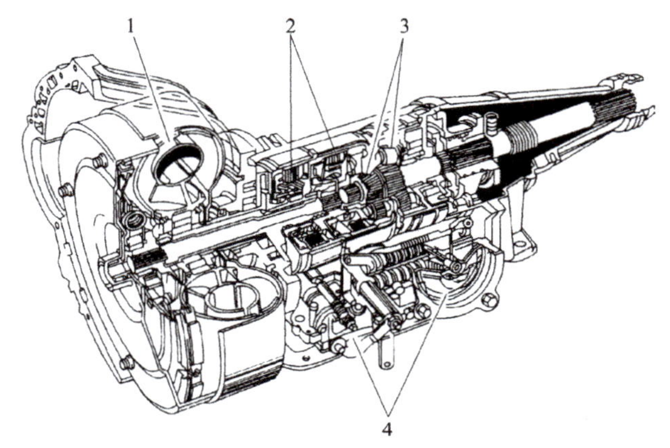

图 1-4-1 自动变速器结构简图

1—液力变矩器；2—执行元件；3—行星齿轮机构；4—液压控制系统及电子控制系统

1. 液力变矩器

液力变矩器装在发动机与变速器之间，其壳体和飞轮相连，与发动机同步旋转。液力变矩器主要由泵轮、涡轮和导轮 3 个元件组成，现在多数液力变矩器还在涡轮的前端安装一个锁止离合器以提高传动效率。变矩器内充满自动变速器油（ATF），自动变速器油由油泵供给。液力变矩器的作用是把从发动机曲轴来的扭矩传给变速器。

2. 齿轮变速系统

液力变矩器虽然能传递和增大发动机扭矩，但变扭比不大，变速范围不宽，远不能满足汽车正常行驶的要求，因此在液力变矩器后面装有齿轮变速系统。目的是进一步增大扭矩，扩大速度变化范围，适应不同的行驶条件。自动变速器上应用最多的齿轮变速系统是复合行星齿轮机构。

3. 换挡执行机构

换挡执行机构包括离合器、制动器和单向离合器。离合器为湿式多片结构，由液压控制其接合与分离，通常由若干交错排列的主从动离合器片组成。制动器通常有两种结构形式：一种是湿式多片式制动器，其结构与离合器类似；另一种是带式制动器。离合器的作用是传递动力。制动器的作用是工作时将行星齿轮机构中的某一元件（太阳轮、行星轮架或齿圈）固定。单向离合器不是由液压控制的，它有单向锁止的作用。

4. 液压控制系统

液压控制系统由供油部分、油压调节部分、油路控制部分组成。

供油部分包括油泵等相关组件。油压调节部分由调压阀、节气门阀等调节油压的滑阀组成。油路控制部分由手控阀、换挡阀等控制油路走向的滑阀组成。

液压系统主要有以下作用：一是提供并调节变速器所需的各种油压，包括变矩器油压、执行元件（离合器和制动器）油压、润滑油压等；二是响应各种控制信息，并且把各种信息转换成液压动作。

5. 电子控制系统

电子控制系统由传感器、电控单元和执行机构组成。其作用是将车速传感器和节气门位置传感器产生的电信号输入电子控制单元（ECU）。由电子控制单元经过计算、比较处理后，根据预先存储在ECU中的换挡程序，确定挡位与换挡点，然后输出控制指令，控制换挡电磁阀线圈的通断，实现自动换挡。此外，系统还具有自诊断功能与失效安全保护功能。

小知识：无级变速传动

CVT即无级变速传动，其英文全称是Continuously Variable Transmission，简称CVT。发明这种变速传动机构的是荷兰人。这种变速器和普通自动变速器的最大区别是它省去了复杂而又笨重的齿轮组合变速传动，而只用了两组带轮进行变速传动。通过改变驱动轮与从动轮传动带的接触半径进行变速，其设计构思十分巧妙。由于CVT可以实现传动比的连续改变，从而得到传动系与发动机工况的最佳匹配，提高了整车的燃油经济性和动力性，改善了驾驶员的操纵方便性和乘员的乘坐舒适性，所以它是理想的汽车传动装置。无级变速箱轿车一样有自己的挡位，停车挡P、倒车挡R、空挡N、前进挡D等，只是汽车前进自动换挡时十分平稳，没有突跳的感觉。

任务实施

步骤1：分组描述自动变速器的外观结构，根据外观分析自动变速器的类型，叙述自动变速器的结构组成。

步骤2：分析不同车型自动变速器的优点及缺点。观察有几个前进挡等。

步骤3：查找不同车型自动变速器的使用情况，分析使用注意事项。

步骤 4：分组观察不同车型自动变速器的外部结构，分析其安装位置，前置还是后置。讨论其特点。

任务1.4.2 自动变速器使用

任务要求

1. 能叙述自动变速器手柄的字母意义。
2. 能对自动变速器油进行检查，并能分析油的品质。

相关知识

一、自动变速器字母标识

（1）P 停车挡：只有在车辆完全停稳时，才可挂入该挡，挂入该挡后，驱动车轮被机械装置锁止而使车轮无法转动。若想将排挡杆移出该位置，须踏下制动踏板并按下排挡杆手柄上的锁止按钮。

（2）R 倒车挡：只有当车辆静止且发动机怠速运转时，才可挂入倒车挡，按下排挡杆手柄按钮，即可将排挡杆移入或移出倒车挡。在车辆前行时，不要误将排挡杆挂入 R 挡，特别是在变速器处于应急状态时，千万不能在前行中挂入 R 挡，那样会使自动变速器严重损坏。

（3）N 空挡：在点火开关打开状态下，车辆静止或车速低于 5 km/h 时，挂入该挡后，排挡杆会被锁止电磁铁锁止。若想移出该挡，需踏下制动踏板，同时按下手柄按钮，在车速高于 5 km/h 时，只需按下手柄按钮即可将排挡杆移入或移出 N 挡。

（4）D 驱动挡：一般情况下可选用此挡，在 D 挡位置，变速器控制单元根据车速及发动机负荷等参数，控制变速器在 1 ~ 4 挡中自由切换。

（5）3 坡路挡：在有坡度的路面上行驶时可挂入该挡，此时变速器会在 1 ~ 3 挡中自动换挡，但不会换入 4 挡，这样，在下坡时提高了发动机的制动效果。

（6）2 长坡挡：遇到较长距离的坡路时选用此挡，控制单元根据行驶速度及节气门的开度变化，控制车辆在 1、2 挡中自动换挡，这样一方面避免了挂入不必要的高速挡，另一方面在下坡时可更好地利用发动机的制动效果。

（7）1 陡坡挡：在上下非常陡峭的坡路时选用此挡，挂入 1 挡后，汽车总处于 1 挡行驶状态，而不会换入其他 3 个前进挡位，这样一方面可以保证在爬坡时有足够的动力，另一方面在下坡时可最大限度地利用发动机的制动效果。

自动变速器换挡手柄如图 1-4-2 所示。

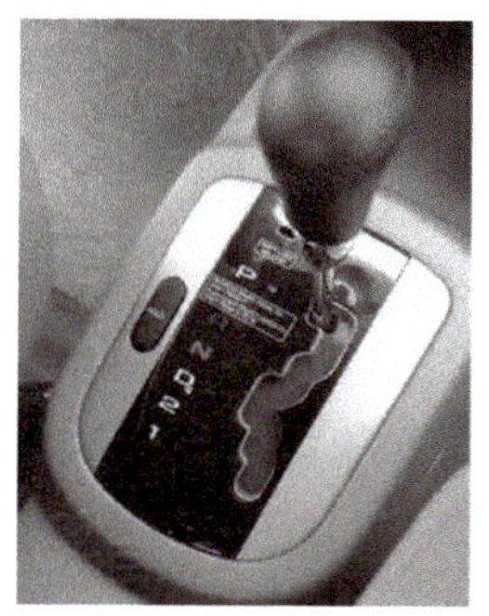

图 1-4-2 自动变速器换挡手柄

二、自动变速器的使用维护

自动变速器油（ATF）是特殊的高级润滑油，不仅具有润滑、冷却作用，还具有传递扭矩和液压以控制自动变速器的离合器和制动器的工作性能。如果对自动变速器油不按规定使用，将影响自动变速器的使用寿命。

1. 自动变速器油的使用要求

（1）自动变速器的换油里程。公务及商务用车一般情况下 5×10^4 ~ 6×10^4 km 更换一次 ATF；对于出租车或经常在较恶劣条件下工作的车辆，要把换油里程缩短为 2.5×10^4 km；对于家庭用车，由于行驶里程较短，因此要求每 2 年更换一次 ATF。

（2）换（加）油量。新自动变速箱第一次加油量为 5.3 L，换油量为 3 L。

（3）自动变速器油位检查。自动变速器油量的多少，对其使用性能和使用寿命均有较大影响。若油面低于标准，油泵会吸入空气，导致空气混入工作液，降低油压，使各控制阀和执行元件动作失准，操纵失灵。若油面高于标准，控制阀体浸于自动变速器油中，则制动器和离合器的泄油口会被自动变速器油阻塞，使泻油不畅，导致离合器和制动器分离不彻底和换挡冲击等故障。

油面检查条件：

① 自动变速器不得进入故障应急状态。

② 油温不许超过 30℃。

③ 变速器操纵手柄处于 P 挡位。

油面检查方法：

① 将 V.A.G1551 或 V. A .G1552 连接到诊断接口上。

② 水平举升汽车，使发动机在怠速工况下运转。

③ 将操纵手柄从 P、R、N、D、3、2、1 各挡位均走一遍，在各挡位下都停留几秒钟，其目的是使各挡油路充分排气和充油，然后再回到 P 挡位。

④ 拧下变速器油底壳放油螺钉。

⑤ 用 V.A.G1551 或 V.A.G1552 读取自动变速器油油温，即 02—08—005 一区即为 ATF 油温。

⑥ 当油温达到 35~45℃时，溢流管刚好有油滴出，油面高度符合标准。如没有

油滴出，则要加以补充。然后用 15 N · m 力矩拧紧放油螺塞。

油面过高应从加油口吸出或从油底壳放出多余的自动变速器油，油面过低应加注相同牌号的自动变速器油。

2. 自动变速器的基础检查

自动变速器基础检查的目的是检查影响自动变速器正常工作的原因，主要有自动变速器外观检查、发动机怠速检查、自动变速器油位与品质检查、操纵手柄位置检查和空挡起动开关检查。

（1）自动变速器外观检查。外观检查是通过目视，检查传动系部件是否松动和自动变速器是否有泄漏，检查线束和插接器是否松动和脱落。

（2）发动机怠速检查。发动机怠速转速为 800 ～ 1 000 r/min，如果怠速过高会造成换挡冲击和汽车出现蠕动（不加油时汽车移动）过快现象，如果怠速过低，当操纵手柄从 N 挡位或 P 挡位换到其他挡位时，车身振动，甚至熄火，因此必须检查发动机怠速状况。

发动机怠速检查，将自动变速器操纵手柄置于 N 挡位或 P 挡位，关闭空调，起动发动机检查发动机的运转情况，应该是发动机运转平稳，转速在规定的范围内，若不符合标准，应对其进行检查与调整。

（3）自动变速器油品质检查。自动变速器油品质变差将使自动变速器不能正常工作。通过 ATF 的气味和状态就可以判断出自动变速器的工作状态。

① 油液品质的检查方法。仔细观察颜色，用手指捻一下油液，看是否有杂质并闻一下气味。如 ATF 有焦味并且呈棕黑色，说明已经变质了。

② 油液品质的分析。

a. 油变成深棕色或棕褐色：原因是没及时更换 ATF 或由于重负荷运转，某些部件打滑或损坏造成变速器油过热。

b. 油中有金属屑：原因是单向离合器或轴承严重损坏。

c. 油中有胶状油膏胶质：原因是 ATF 油温长期过热或混加过其他油，导致化学变化，形成絮状。

d. 油有烧焦味道：原因是油温过高，油面过低，冷却器或管路堵塞导致离合器或制动器摩擦片烧蚀。

（4）操纵手柄位置检查。操纵手柄位置挡位不正确就会影响自动变速器正常工作，检查方法是操纵手柄从 P 挡位换至其他挡位，检查其挡位是否正确，如果不正确应对其传动机构进行调整。

（5）空挡起动开关检查。将操纵手柄从 P 挡位换至其他挡位时，检查挡位指示信号是否正确，同时检查操纵手柄在 P 挡位和 N 挡位是否能起动发动机。正确情况是：操纵手柄在 P 挡位和 N 挡位时，能起动发动机，而在其他挡位时，不能起动发动机。

任务实施

步骤 1：分组叙述自动变速器的挡位字母含义，分析挡位顺序：P，N，R，D，2，

1 的内涵。

步骤 2：分组观察分析新的自动变速器油（桶装）的颜色及品质，分别描述其颜色和味道等。

步骤 3：分小组对自动变速器的油位及油品质进行检查。先看颜色并进行描述，分析油品质量。讨论分析油品的现状。

项目小结

任务		主要内容	备注
任务 1.4.1	自动变速器组成	1. 自动变速器的功用：自动换挡（前进挡）。 2. 自动变速器的分类：液控液动自动变速器、电控液动自动变速器。自动变速器按齿轮类型的不同，分为普通齿轮式和行星齿轮两种。 3. 电子控制自动变速器由液力变矩器、齿轮变速系统、换挡执行机构、液压控制系统和电子控制系统五部分组成	
任务 1.4.2	自动变速器使用	1. 挡位顺序：P，N，R，D，2，1 分别是停车挡、空挡、倒挡、前进挡、长坡挡、陡坡挡。 2. 换油要求：公务及商务用车一般情况下 5 ~ 6×10^4 km 更换一次 ATF；对于出租车或经常在较恶劣条件下工作的车辆，要把换油里程缩短为 2.5×10^4 km，对于家庭用车，由于行驶里程较短，因此要求每 2 年更换一次 ATF。 3. 油品分析：应该是无杂质、无味、清澈的油	

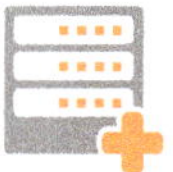

项目评价

评价项目	评分标准	分数	学生自评	小组互评	小计
团队合作	有团队意识，团队和谐，分工明确，能听团队成员安排	10			
操作过程	分析不同车型的具体问题，积极思考，操作规范，不违反操作规程，形成良好的习惯	60			
创新点	介绍有创新点	10			
任务方案	任务计划完整、合理，不抄袭	10			
完成情况	按时圆满完成	10			
	总分	100			
教师评价					

职业技能鉴定指导

一、填空题

1. 自动变速器中，按控制方式主要有________和________两种形式。

2. 电控自动变速器由________、________、________、________和________组成。

3. 液力传动有________和________两大类。

二、单项选择题

1. 大部分自动变速器 N—D 换挡延时时间在（　　）s。

   A. 1 ~ 1.2　　B. 0.6 ~ 0.8　　C. 1.2 ~ 1.5　　D. 1.5 ~ 2.0

2. 目前，多数自动变速器有（　　）个前进挡。

   A. 2　　B. 3　　C. 4　　D. 5

3. 自动变速器的油泵，一般由（　　）驱动。

   A. 变矩器外壳　　B. 泵轮　　C. 变速器外壳　　D. 导轮

4. 自动变速器的制动器用于（　　）。

   A. 行车制动　　B. 驻车制动

   C. 发动机制动　　D. 其运动零件与壳体相连

项目 1.5

万向传动装置

学习目标

1. 了解万向传动装置的功用、组成及在车上的应用；
2. 掌握十字轴式刚性万向节、球笼式等速万向节的结构、拆装和检修；
3. 了解传动轴的结构和检修。

项目导入

汽车行驶过程中，由于变速器输出轴和驱动桥的输入轴有可能不在一个平面上，由于汽车布置、设计等原因不可能在同一轴向上，并且变速器虽然是安装在车架（车身）上，可以认为位置是不动的，但驱动桥会由于悬架的变形而引起其位置经常发生变化，所以在变速器和驱动桥之间装有万向传动装置。其正好可以满足汽车的使用和设计的要求。

学习本项目可以了解万向传动装置的结构、功用等。

思维导图

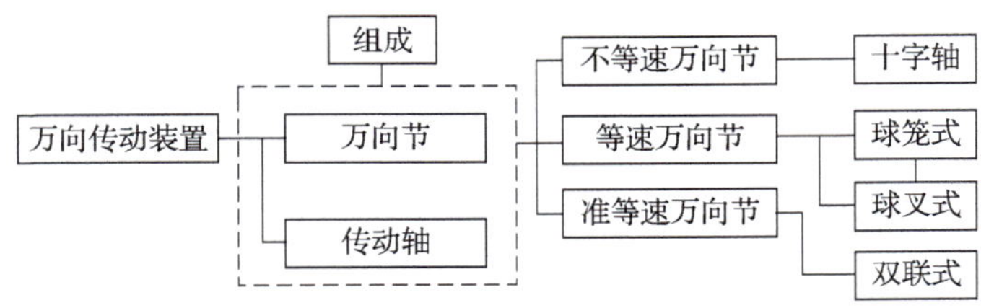

任务1.5.1　万向传动装置的组成及应用

任务要求

1. 熟悉万向传动装置的结构。
2. 知道万向传动装置在汽车上的应用。

相关知识

一、万向传动装置的功用和组成

1. 功用

如图 1-5-1 所示，万向传动装置在轴线相交且相互位置经常发生变化的两转轴之间传递动力。

2. 组成

万向传动装置主要包括万向节和传动轴，对于传动距离较远的分段式传动轴，为了提高传动轴的刚度，还设置有中间支撑，如图 1-5-2 所示。

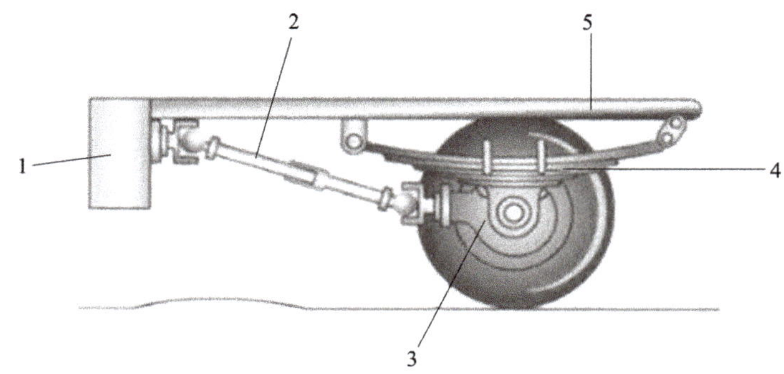

图 1-5-1 变速器与驱动桥之间的万向传动装置

1—变速器；2—万向传动装置；3—驱动桥；4—后悬架；5—车架

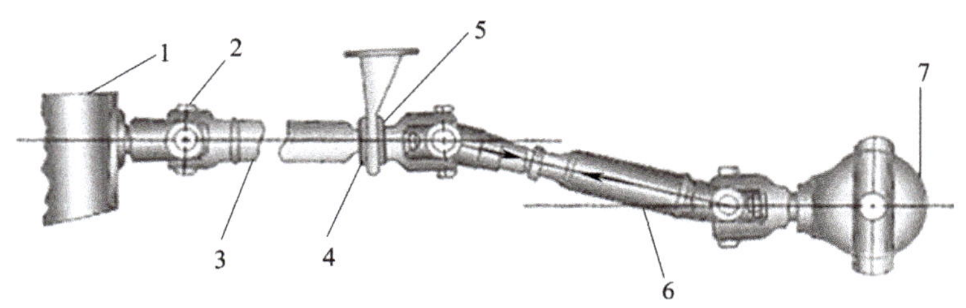

图 1-5-2 万向传动装置的组成

1—变速器；2—万向节；3—前传动轴；4—球轴承；5—中间支撑；6—后传动轴；7—驱动桥

二、万向传动装置的应用

万向传动装置在汽车上的应用主要有以下几个方面：

（1）变速器（或分动器）与驱动桥之间：一般汽车的变速器、离合器与发动机三者合为一体装在车架上，驱动桥通过悬架与车架相连，如图 1-5-1 所示。在负荷变化及汽车在不平路面行驶时引起的跳动，会使驱动桥输入轴与变速器输出轴之间的夹角和距离发生变化。

（2）越野汽车变速器与分动器之间：为消除车架变形及制造、装配误差等引起的其轴线同轴度误差对动力传递的影响，须装有万向传动装置。

（3）汽车转向驱动桥的内、外半轴之间：转向时两段半轴轴线相交且交角变化，因此要用万向节。

（4）断开式驱动桥的半轴：主减速器壳在车架上是固定的，桥壳上下摆动，半轴是分段的，须用万向节。

（5）转向机构的转向轴和转向器之间：有利于转向机构的总体布置。

三、传动轴

1. 功用

传动轴是万向传动装置中的主要传力部件。通常用来连接变速器（或分动器）和驱动桥，在转向驱动桥和断开式驱动桥中，则用来连接差速器和驱动车轮。

2. 构造

传动轴有实心轴和空心轴之分。为了减轻传动轴的质量，节省材料，提高轴的强度、刚度，传动轴多为空心轴，一般用厚度为 1.5 ~ 3.0 mm 的薄钢板卷焊而成，超重型货车则直接采用无缝钢管。

转向驱动桥、断开式驱动桥或微型汽车的传动轴通常制成实心轴，如图 1-5-3 所示。

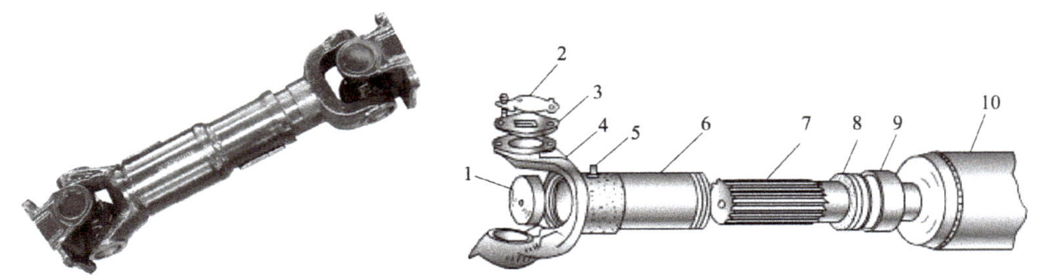

（a）实物图　　（b）结构组成

图 1-5-3　传动轴实物与结构图

1—盖子；2—盖板；3—盖垫；4—万向节滑动叉；5—滑脂嘴；6—伸缩套；7—滑动花键槽；8—油封；9—油封盖；10—传动轴管

传动轴两端的连接件装好后，应进行动平衡试验。在质量轻的一侧补焊平衡片，使其不平衡量不超过规定值。为防止装错位置和破坏平衡，滑动叉、轴管上都应刻有带箭头的记号。为保持平衡，油封上两个带箍的开口销应装在间隔 180° 的位置上，万向节的螺钉、垫片等零件不应随意改换规格。为方便加注润滑脂，万向传动装置的滑脂嘴应在一条直线上，且万向节上的滑脂嘴应朝向传动轴。

四、中间支撑

1. 功用

传动轴分段时需加中间支撑，中间支撑通常装在车架横梁上（见图 1-5-2），能补偿传动轴轴向和角度方向的安装误差，以及汽车行驶过程中因发动机窜动或车架变形等引起的位移。

2. 结构

中间支撑常用弹性元件来满足上述功用，图 1-5-4 所示为解放 CA1091 型汽车传动轴中间支撑，是由滚动轴承、橡胶缓冲垫和支撑座组成。中间支撑通过支撑座和橡胶缓冲垫安装在车上（或车架）上，用来支撑传动轴的一端。橡胶缓冲垫可以补偿车身（或车架）变形和发动机振动对于传动轴位置的影响。

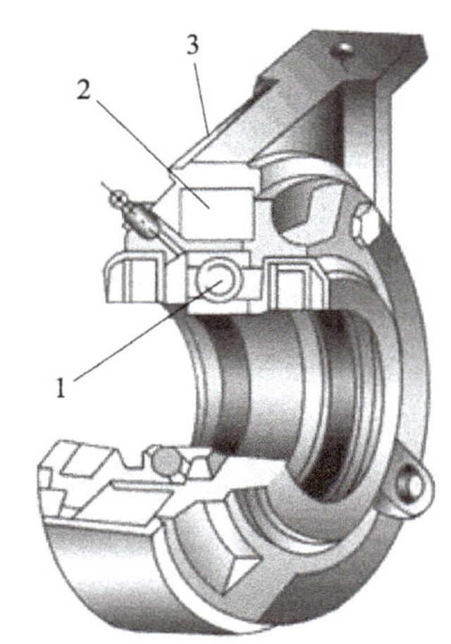

图 1-5-4　解放 CA1091 型汽车传动轴中间支撑

1—滚球轴承；2—橡胶缓冲垫；3—支撑座

任务实施

步骤 1：分组查找资料，找出万向传动装置的应用。分析传递力的方向及特点。

步骤 2：对比万向传动装置的实物，叙述万向传动装置的组成，说出各部分的名称及功用。分析力的方向。

步骤 3：对照教学整车，观察万向传动装置在汽车上的应用。

步骤 4：观察传动轴的结构及长度，分析可能的故障。找出中间支撑，说明其布置方式。

任务1.5.2　万向节结构

任务要求

1. 熟悉十字轴式刚性万向节的结构。
2. 熟悉球笼式等速万向节的结构。

相关知识

在汽车上使用的万向节可以从不同的角度分类。按其刚度大小，可分为刚性万向节和柔性万向节。

刚性万向节按其速度特性分为不等速万向节（常用的为十字轴式）、准等速万向节（双联式和三销轴式）和等速万向节（包括球叉式和球笼式）。

目前在汽车上应用较多的是十字轴式刚性万向节和等速万向节。十字轴式刚性万向节主要用于发动机前置后轮驱动的变速器与驱动桥之间，等速万向节主要用于发动机前置前轮驱动的内、外半轴之间。

一、十字轴式刚性万向节

十字轴式刚性万向节，如图 1-5-5 所示，它允许相邻两轴的最大交角为 15° ~ 20° 。

十字轴式刚性万向节主要由十字轴、万向节滑动叉等组成。万向节滑动叉上的孔分别套在十字轴的 4 个轴颈上。在十字轴轴颈与万向节滑动叉孔之间装有滚针和套筒，用带有锁片的螺钉和轴承盖来使之轴向定位。为了润滑轴承，十字轴内钻有油道，且与油嘴、安全阀相通。

为避免润滑油流出及尘垢进入轴承，十字轴轴颈的内端套装着油封。安全阀的作用是当十字轴内腔润滑脂压力超过允许值时，阀打开润滑脂外溢，使油封不会因油压过高而损坏。现代汽车多采用橡胶油封，多余的润滑油从油封内圆表面与十字轴轴颈接触处溢出，故无需安装安全阀。

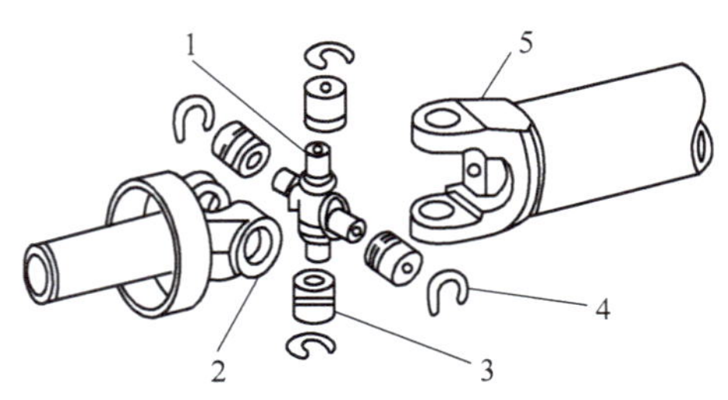

图 1-5-5　十字轴式刚性万向节

1—十字轴；2—万向节滑动叉；3—轴承；4—卡环；5—轴管叉

万向节轴承的常见定位方式，除了用盖板定位外，还有用内、外弹性卡环进行定位。

二、等速万向节

等速万向节的基本原理是传力点永远位于两轴交点的平分面上。图 1-5-6 所示为等速万向节的工作原理图。一对大小相同的锥齿轮的接触点 P 位于两齿轮轴线交角的平分面上，由 P 点到两轴的垂直距离都等于 r。P 点处两齿轮的圆周速度相等，两齿轮的角速度也相等。可见，若万向节的传力点在其交角变化时，始终位于两轴夹角的平分面上，就能保证等速传动。

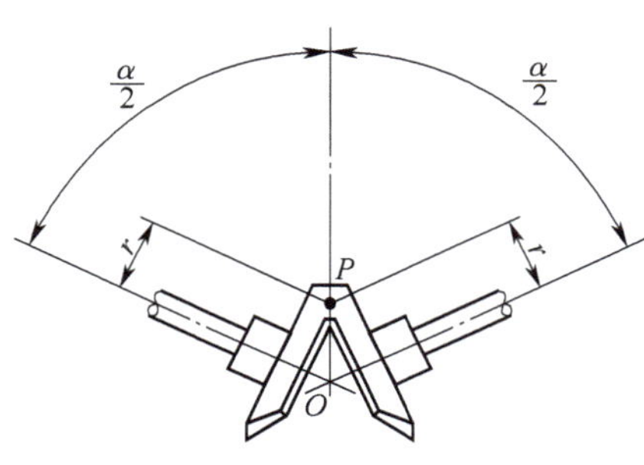

图 1-5-6　等速万向节的工作原理

等速万向节的常见结构形式有球笼式和球叉式。

1. 球笼式等速万向节

如图 1-5-7 所示，球笼式等速万向节由 6 个钢球、星形套、球形壳和保持架等

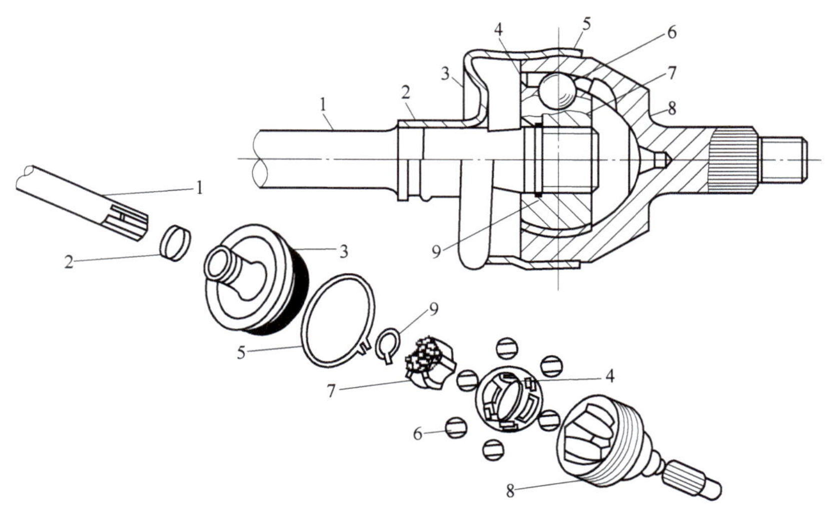

图 1-5-7　球笼式等速万向节

1—主动轴；2、5—钢带箍；3—外罩；4—保持架（球笼）；6—钢球；7—星形套（内滚道）；8—球形壳（外滚道）；9—卡环

组成。万向节星形套与主动轴用花键固接在一起，星形套外表面有六条弧形凹槽滚道，球形壳的内表面有相应的六条凹槽，6 个钢球分别装在各条凹槽中，由球笼使其保持在同一平面内。动力由主动轴、钢球、球形壳输出。

球笼式等速万向节工作时 6 个钢球都参与传力，故承载能力强、磨损小、寿命长。它被广泛应用于各种型号的转向驱动桥和独立悬架的驱动桥。

2. 球叉式等速万向节

球叉式等速万向节如图 1-5-8 所示，它是由主动叉、从动叉、4 个传动钢球、中心钢球、定位销、锁止销组成。主动叉与从动叉分别与内、外半轴制成一体。在主、从动叉上，分别有 4 个曲面凹槽，装配后，则形成两个相交的环形槽，作为钢球滚道。4 个传动钢球放在槽中，中心钢球放在两叉中心的凹槽内，以定中心。

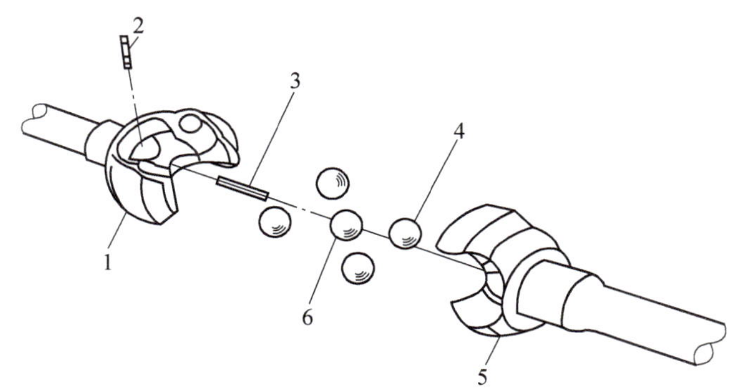

图 1-5-8 球叉式等速万向节

1—从动叉；2—锁止销；3—定位销；4—传动钢球；5—主动叉；6—中心钢球

球叉式等速万向节在工作的时候，只有两个钢球传力，磨损快，影响使用寿命，现在应用越来越少。

三、十字轴式万向节的拆装

1. 拆卸

打开锁片的锁爪，拆下轴承盖固定螺栓，取下锁片和轴承盖。用手推出轴承套筒及滚针。

对于较紧的轴承，可用手握住传动轴或伸缩套，用锤子敲击万向节滑动叉，使十字轴撞击轴承套筒，振出滚针。

2. 装配

按与拆卸相反的顺序进行。

四、等速万向节的拆装

下面以桑塔纳 2000 轿车为例介绍球笼式等速万向节的拆装。

1. 万向节的分解

（1）用钢锯锯开原装卡箍，拆下防尘罩，如图 1–5–9 所示。

（2）万向节内、外圈解体。先拆弹簧卡圈，如图 1–5–10 所示。再用木锤敲打外万向节使之从传动轴上卸下，然后用专用工具压出内万向节，如图 1–5–11 所示。

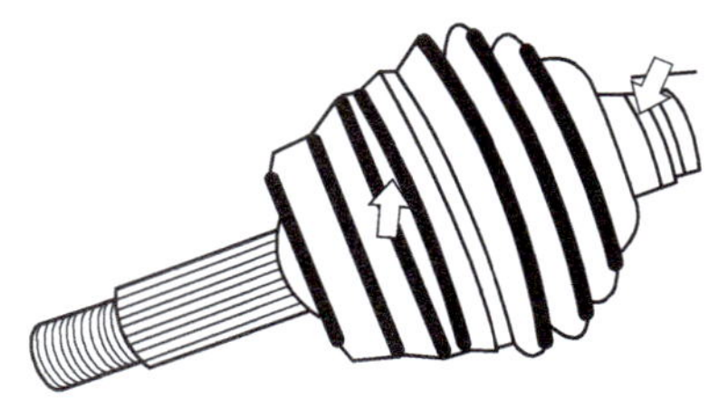

图 1–5–9　拆卸卡箍和防尘罩

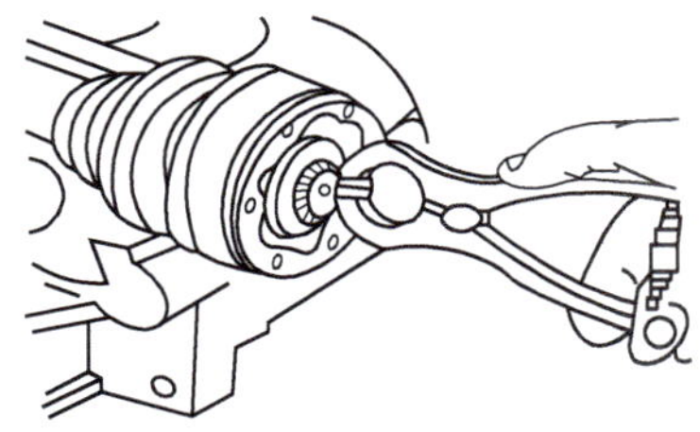

图 1–5–10　拆卸弹簧卡圈

（3）外等速万向节解体。分解前，在钢球球笼和球形壳上标出星形套位置，然后转动星形套与球笼，依次取出钢球，如图 1–5–12 所示。用力转动球笼使两个方孔与球形壳对上（如图 1–5–13 箭头所示），将星形套、球笼一起拆下。将星形套上扇形齿旋入球笼的方孔，然后从球笼中取出星形套，如图 1–5–14 所示。

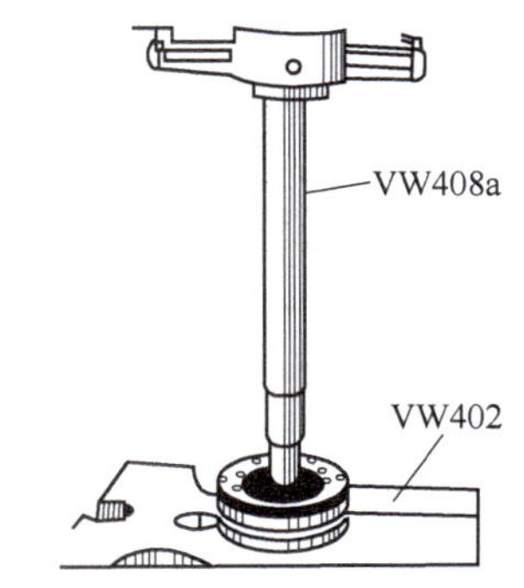

图 1–5–11　用专用工具压出内万向节

图 1–5–12　取出钢球（解剖图）

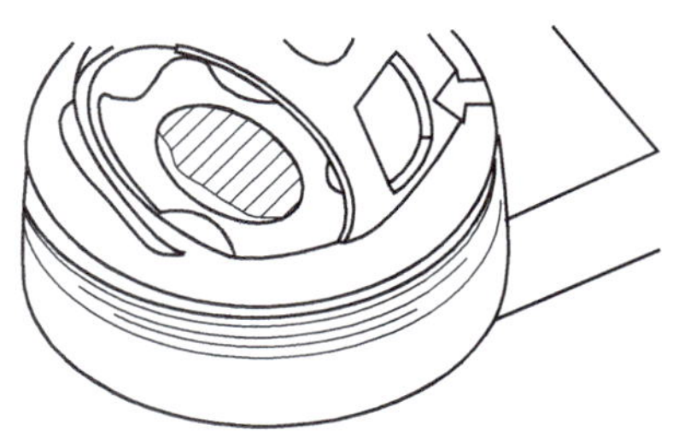

图 1–5–13　拆下球笼

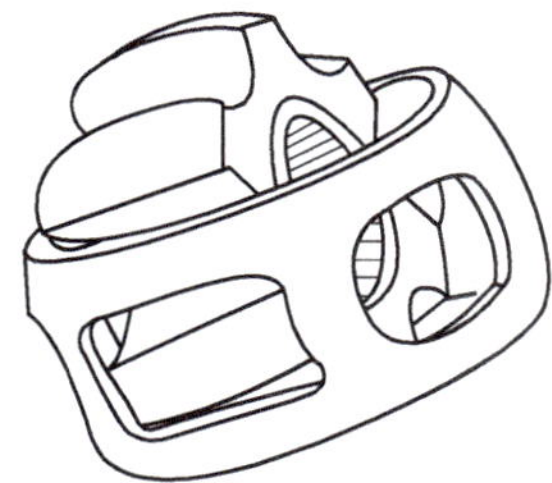

图 1–5–14　取出星形套

（4）内等速万向节解体。转动球笼和星形套，按垂直向前的方向压出球笼里的钢球。从球槽上面取出球笼里的星形套。

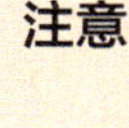

注意：

因星形套与球形壳体是选配的，拆卸时注意将星形套与壳体成对放置，不允许互换。

任务实施

步骤 1：分组叙述万向节的类型及特点。分析查找万向节的应用案例，分析其结构。查找不同的万向节。

步骤 2：针对不同汽车的万向节结构，分析不同的万向节的结构和特点。

步骤 3：使用专用工具拆装万向节，并检修。分组单独进行拆装练习，注意在拆装过程中的注意事项。

步骤 4：进行小组评比，每一小组在比赛过程中加深印象。在比赛过程中，小组之间互相督促学习，找出不足，并进行改进。

项目小结

任务		主要内容	备注
任务 1.5.1	万向传动装置的组成及应用	万向传动装置的组成：万向传动装置主要包括万向节和传动轴。 万向传动装置的应用：变速器（或分动器）与驱动桥之间；越野汽车变速器与分动器之间；汽车转向驱动桥的内、外半轴之间；断开式驱动桥的半轴；转向机构的转向轴和转向器之间	
任务 1.5.2	万向节结构	1. 万向节的类型 不等速万向节：十字轴式万向节； 等速万向节：球笼式、球叉式； 准等速万向节：双联式。 2. 万向节的结构 （1）十字轴式：由十字轴、万向节滑动叉等组成； （2）球笼式等速万向节：由 6 个钢球、星形套、球形壳和保持架等组成； （3）球叉式等速万向节：由主动叉、从动叉、4 个传动钢球、中心钢球、定位销、锁止销组成	

项目评价

评价项目	评分标准	分数	学生自评	小组互评	小计
团队合作	团队和谐，会合作，能配合，有沟通	10			
操作过程	检测传动轴时步骤规范，方法正确	60			
创新点	介绍有思考，有创新	10			
任务方案	完整、合理	10			
完成情况	按时圆满完成	10			
	总分	100			
教师评价					

职业技能鉴定指导

一、判断题

1. 十字轴式万向节属于等速万向节。(　　)

2. 球笼式万向节可实现等速传递动力。(　　)

3. 为了保证万向节传动的等速性，安装传动轴时，必须使主传动轴上的两个万向节滑动叉装成直角。(　　)

4. 万向传动装置一般不应用在转向系统中。(　　)

二、选择题

1. 越野汽车因多轴驱动而装有（　　）。

A. 分动器　　B. 万向传动装置

C. 主减速器和差速器　　D. 以上答案均不正确

2. 变速器乱挡（在离合器技术状况正常的情况下，变速器同时挂上两个挡或虽能挂上挡，但却不能挂入所需要的挡位，或者挂入后不能退出）的故障原因主要为（　　）。

A. 变速操纵机构失效　　B. 变速传动机构失效

C. 变速控制机构失效　　D. 以上答案均不正确

项目 1.6 驱动桥

学习目标

1. 熟悉驱动桥的功用及结构组成；
2. 能说明驱动桥的主要零件及类型；
3. 熟悉主减速器及差速器的结构及工作原理。

项目导入

汽车正常行驶时，发动机的转速通常在 2 000 ~ 3 000 r/min，如果将这么高的转速只靠变速器来降速，那么变速器内齿轮副的传动比则需很大。驱动桥能实现进一步降速增扭。

驱动桥是传动系的最后一个总成，发动机的动力经离合器、变速器、万向传动装置传递到驱动桥，由半轴传到驱动车轮。

驱动桥主要由主减速器、差速器、半轴和驱动桥壳等组成。它的作用是将万向传动装置传来的动力转过 90° 角，改变力的传递方向，并由主减速器降低转速，增大转矩后，经差速器分配给左右半轴和驱动轮。

学习本项目能了解驱动桥的结构、功用及力的传递路线。

思维导图

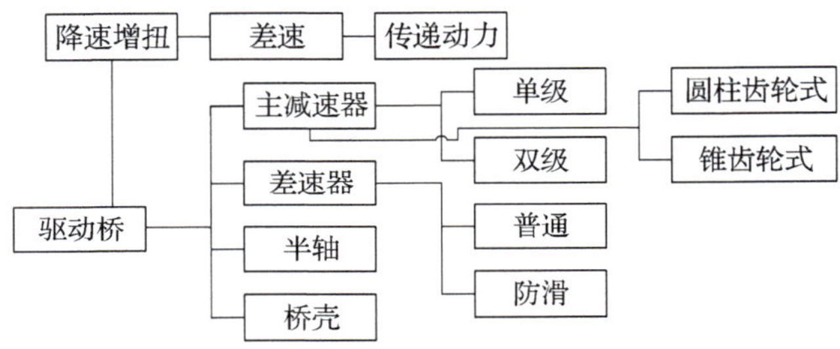

任务1.6.1　主减速器结构

任务要求

1. 能够叙述主减速器的作用及类型。
2. 能说明主减速器的结构组成。

相关知识

一、主减速器作用

驱动桥主减速器如图 1-6-1 所示。

（1）将万向传动装置传来的发动机转矩传给差速器。

（2）在动力的传动过程中，增大转矩并降低转速。传动系的传动比为变速器传动比与主减速器传动比的乘积。

（3）对于纵置发动机，将转矩的旋转方向改变 90 °。

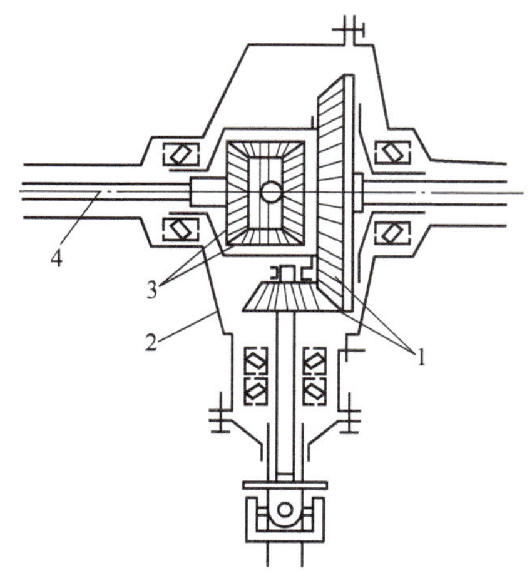

图 1-6-1 驱动桥主减速器示意图

1—主减速器；2—桥壳；3—差速器；4—传动轴

二、主减速器类型

1. 按齿轮副数目分类

按参加减速传动的齿轮副的数目，主减速器可分为单级式主减速器和双级式主减速器。除了一些要求大传动比的中、重型车采用双级主减速器外，一般微、轻、中型车基本采用单级主减速器。

2. 按传动比挡数分类

按主减速器传动比挡数，主减速器可分为单速式主减速器和双速式主减速器两种。目前，国产汽车基本都采用了传动比固定的单速式主减速器。在双速式主减速器上，设有供选择的两个传动比，这种主减速器实际上又起到了副变速器的作用。

3. 按结构形式分类

按减速齿轮副的结构形式，主减速器可分为圆柱齿轮式主减速器、圆锥齿轮主减速器和准双曲面齿轮主减速器等。

现代汽车的主减速器，广泛采用螺旋锥齿轮主减速器和双曲面齿轮主减速器。双曲面齿轮主减速器工作时，齿面间的压力和滑动较大，齿面油膜易被破坏，必须采用双曲面齿轮油润滑。绝不允许用普通齿轮油代替，否则将使齿面迅速擦伤和磨损，大大降低使用寿命。

三、主减速器的结构

1. 单级主减速器

单级主减速器的特点是结构简单、体积小、质量轻及传动效率高，主要用于轿车及中型以下客货车上。

对于发动机纵向布置的汽车，由于需要改变动力的传递方向，单级主减速器都采用一对圆锥齿轮传动，如桑塔纳 2000 型轿车和东风 EQ1090 型商用车等。对于发动机横向布置的汽车，单级主减速器采用一对圆柱齿轮即可，如夏利 7130 型轿车和宝来 1.8 T 型轿车等。

2. 双级主减速器

有些汽车需要较大的主减速器传动比，单级主减速器已不能满足足够的离地间隙，这就需要采用由两对齿轮降速的双级主减速器，如图 1-6-2 所示。

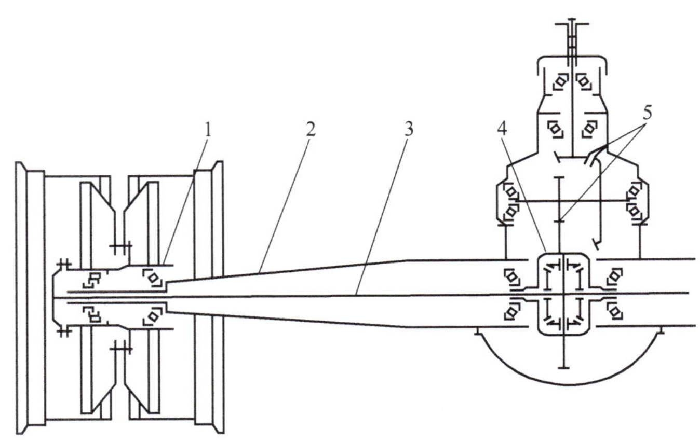

图 1-6-2 双级主减速器

1—车轮；2—桥壳；3—半轴；4—差速器；5—主减速器

双级主减速器由一对螺旋圆锥齿轮和一对斜齿圆柱齿轮组成。

双级主减速器的结构较复杂、体积较大及传动效率高，主要用于中型及重型车辆上。

对于发动机纵向布置的汽车，由于需要改变动力的传递方向，主减速器第一级传递采用一对圆锥齿轮传动，第二级传递采用一对圆柱齿轮即可。

发动机的动力经变速器、万向传动装置传到主减速器，再经过主减速器降速增扭，最后经差速器、半轴传递到驱动车轮。

发动机的动力传递到主减速器后，经过两级齿轮传递的两次降速增扭，改变动力传递方向，再经差速器、半轴传递到驱动车轮。

小知识：锥齿轮传动

锥齿轮传动由一对锥齿轮组成的相交轴间的齿轮传动，又称伞齿轮传动。

锥齿轮是圆锥齿轮的简称，它用来实现两相交轴之间的传动，两轴交角S称为轴角，其值可根据传动需要确定，一般多采用90°。锥齿轮的轮齿排列在截圆锥体上，轮齿由齿轮的大端到小端逐渐收缩变小。

任务实施

步骤 1：找出主减速器实物图片。

各小组通过了解驱动桥的组成，来查找内部的第一个组成部件——主减速器，并按照齿轮类型进行查找，说明其应用。

步骤 2：根据所查找的单级主减速器，思考双级主减速器的原理。

步骤 3：分组分析说明主减速器的动力传递路线。观察减速齿轮是圆柱齿轮还是锥齿轮，并说明其作用。

任务1.6.2 差速器的结构

任务要求

1. 能够独立查找差速器的结构及类型。
2. 知道差速器的结构及功用。
3. 能够了解防滑差速器的好处。

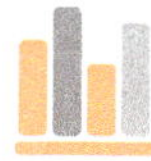

相关知识

一、差速器作用

汽车差速器是驱动桥的主件。它的作用是在向两边半轴传递动力的同时，允许两边半轴以不同的转速旋转，满足两边车轮尽可能以纯滚动的形式做不等距行驶，减少轮胎与地面的摩擦。图 1-6-3 所示为锥形齿轮差速器。

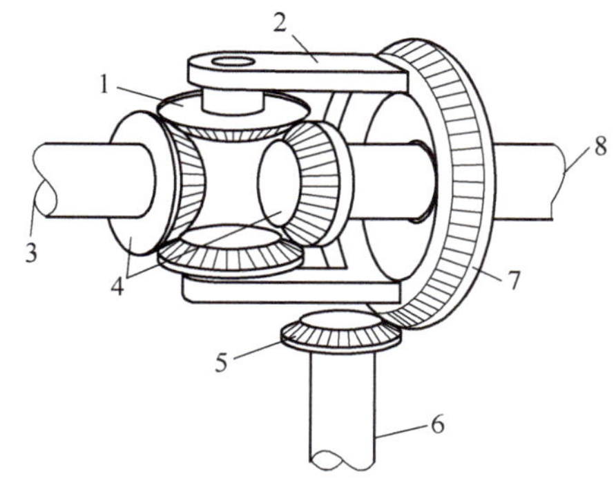

图 1-6-3 锥形齿轮差速器

1—行星齿轮；2—框架；3，8—输出轴；4—太阳齿轮；5—齿轮；6—输入轴；7—差速器侧面锥形齿轮

二、差速器构造

普通差速器由行星齿轮、行星轮架（差速器壳）、半轴齿轮等零件组成，如图 1-6-4 所示。发动机的动力经传动轴进入差速器，直接驱动行星轮架，再由行星轮带动左、右两条半轴，分别驱动左、右车轮。

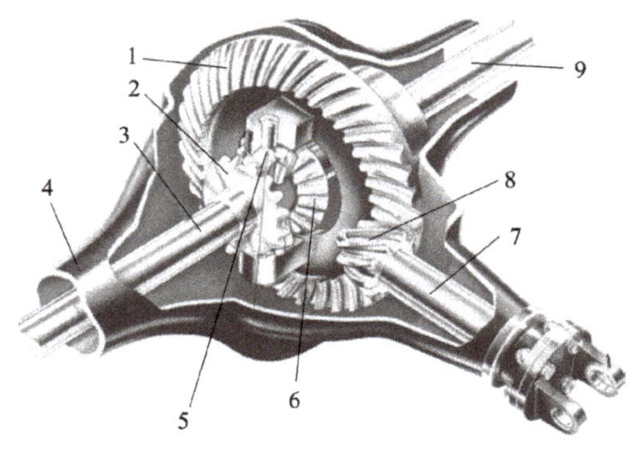

图 1-6-4 普通齿轮差速器的结构示意图

1—从动齿轮；2—左半轴齿轮；3，9—输出轴；4—行星齿轮梁；5—行星齿轮；6—右半轴齿轮；7—传动轴；8—主动齿轮

差速器的设计要求满足：左半轴转速 + 右半轴转速 =2（行星轮架转速）。当汽车直行时，左、右车轮与行星轮架三者的转速相等，处于平衡状态；而在汽车转弯时三者平衡状态被破坏，导致内侧轮转速减小，外侧轮转速增加。

三、差速器原理

差速器的这种调整是自动的，这里涉及“最小能耗原理”，车轮在转弯时会自动趋向能耗最低的状态，自动地按照转弯半径调整左、右轮的转速。

当转弯时，由于外侧轮有滑拖的现象，内侧轮有滑转的现象，两个驱动轮此时就会产生两个方向相反的附加力，根据“最小能耗原理”，必然导致两边车轮的转速不同，从而破坏了三者的平衡关系，并通过半轴反映到半轴齿轮上，迫使行星齿轮产生自转，使外侧半轴转速加快，内侧半轴转速减慢，从而实现两边车轮转速的差异。图 1-6-5（a）、（b）所示分别为直行状态下的差速器和转弯状态下的差速器。

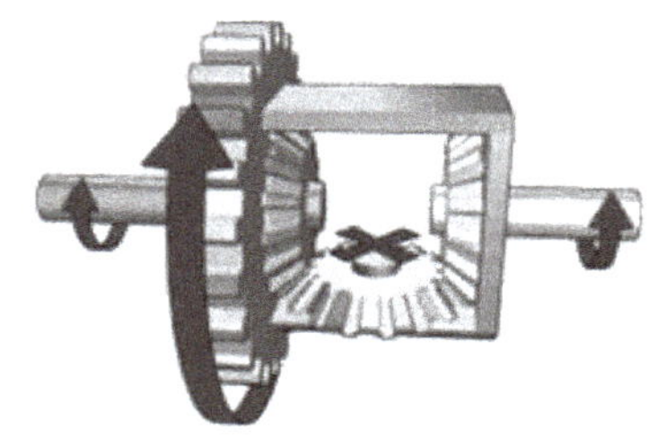
（a）直行状态下的差速器

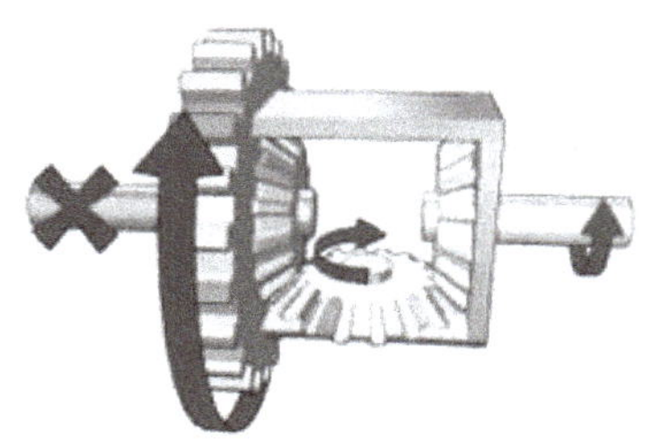
（b）转弯状态下的差速器

图 1-6-5 不同状态下的差速器

驱动桥两侧的驱动轮若用一根整轴刚性连接，则两轮只能以相同的角度旋转。这样，当汽车转向行驶时，由于外侧车轮要比内侧车轮移过的距离大，将使外侧车轮在滚动的同时产生滑拖，而内侧车轮在滚动的同时产生滑转。即使是汽车直线行驶，也会因路面不平或虽然路面平直但轮胎滚动半径不等（轮胎制造误差、磨损不同、受载不均或气压不等），而引起车轮的滑动。

车轮滑动时不仅加剧轮胎磨损、增加功率和燃料消耗，还会使汽车转向困难、制动性能变差。为使车轮尽可能不发生滑动，在结构上必须保证各车轮能以不同的角度转动。

通常从动车轮用轴承支撑在主轴上，使之能以任何角度旋转，而驱动车轮分别与两根半轴刚性连接，在两根半轴之间装有差速器。这种差速器又称为轴间差速器。

多轴驱动的越野汽车，为使各驱动桥能以不同角速度旋转，以消除各桥上驱动轮的滑动，有的在两驱动桥之间装有轴间差速器。

四、差速器的分类

现代汽车上的差速器通常按其工作特性分为齿轮式差速器和防滑差速器两大类。

1. 齿轮式差速器

如图 1-6-6 所示，由于结构原因，这种差速器分配给左、右轮的转矩相等。这种差速器转矩均分特性能满足汽车在良好路面上正常行驶，但当汽车在路况较差的路面上行驶时，却严重影响通过能力。例如当汽车的一个驱动轮陷入泥泞路面时，虽然另一驱动轮在良好的路面上，汽车却往往不能前进（俗称打滑）。此时在泥泞路面上的驱动轮原地滑转，在良好路面上的车轮却静止不动。这是因为在泥泞路面上的车轮与路面之间的附着力较小，路面只能通过此轮对半轴作用较小的反作用力矩，因此差速器分配给此轮的转矩也较小，尽管另一驱动轮与良好路面间的附着力较大，但因平均分配转矩的特点，使这一驱动轮也只能分到与滑转驱动轮等量的转矩，以致驱动力不足以克服行驶阻力，汽车不能前进，而动力则消耗在滑转驱动轮上。此时加大油门不仅不能使汽车前进，反而浪费燃油，加速机件磨损，尤其使轮胎磨损加剧。有效的解决办法是：挖掉滑转驱动轮下的稀泥或在此轮下垫干土、碎石、树枝、干草等。

图 1-6-6 齿轮式差速器总成图解

2. 防滑差速器

为提高汽车在较差路面上的通过能力，某些越野汽车及高级轿车上装置防滑差速器（见图 1-6-7）。防滑差速器的特点是，当一侧驱动轮在坏路上滑转时，能使大部分甚至全部转矩传给在良好路面上的驱动轮，以充分利用这一驱动轮的附着力来产生足够的驱动力，使汽车顺利起步或继续行驶。为实现上述要求，最简单的方法是在对称式锥齿轮差速器上设置差速锁，使之成为强制止锁式差速器。当一侧驱动轮滑转时，可利用差速锁使差速器锁死而不起差速作用。

图 1-6-7 防滑差速器

小知识：托森式差速器

托森式差速器，也称为托森式自锁差速器，它利用蜗轮蜗杆传动的不可逆性原理和齿面高摩擦条件，使差速器根据其内部差动转矩（即差速器的内摩擦转矩）的大小而自动锁死或松开，即当差速器内差动转矩较小时起差速作用，而当差速器内差动转矩过大时差速器将自动锁死，这样可以有效地提高汽车的通过能力。

任务实施

步骤 1：找出差速器实物图片，说明其存在的意义。

根据对差速器组成的了解，独立地找出不同类型的差速器。

步骤 2：对比实物说出各类型差速器的组成结构及名称。

步骤 3：说明防滑差速器存在的价值。举例说明其在实际应用中，如冰雪路面、砂石路面等的作用。

任务1.6.3 拆装驱动桥

任务要求

1. 熟悉主减速器的调整部位及方法。
2. 能够独立完成主减速器及差速器的拆装。
3. 小组成员要制定出合理的任务实施方案。

相关知识

一、拆装主减速器

1. 主减速器的拆卸

（1）拆下主传动盖的固定螺栓，拆下差速器总成。

（2）用专用拉器拉出主传动盖上的轴承外圈，取下调控垫圈，并记下 S_1 的厚度。

（3）从齿轮箱壳上拉下另一个轴承外圈，取下调整垫片 S_2，并记下 S_2 的厚度。

2. 主减速器的装配

（1）行星齿轮和半轴齿轮的安装。

① 用齿轮油润滑，安装复合式止推垫片。

② 通过螺纹套和半轴来安装半轴齿轮，用六角螺栓来拧紧。

③ 将两个行星齿轮错开 180°。转动半轴，使其向内摆动，使行星齿轮、复合式止推垫片和差速器罩壳对准。

④ 推入行星齿轮轴并用锁销或轴向弹性挡圈锁紧。

⑤ 检查行星齿轮与半轴齿轮间的间隙应为 0.2~0.5 mm，如超过限度，则应当重新选取用复合式止推垫片。

（2）盆形齿轮的安装。

将盆形齿轮加热到 100℃左右，用定心销为导向，迅速安装好，用螺栓对称进行紧固；滚柱轴承加热到 100℃左右放好并压紧；压入车速表主动齿轮，压入深度为

1.4 mm。方法：选好一个厚度和深度（1.4 mm）一样尺寸的垫圈，放在压紧套筒上进行下压，压平即可保证规定深度。

用专用工具（VW295，30–205）将变速器壳内和主传动器盖上的轴承外座圈及调整垫圈压入，压入前应考虑到其间调整垫圈的厚薄尺寸，尽量使用原装调整垫圈。

二、拆装差速器

1．零部件的拆卸过程（按从外到里的原则）

（1）从外部观察差速器的整体结构，分清输入轴、输出轴的位置，并拍照记录。

（2）拧去外壳的螺栓，取下外壳，并将零件按先后顺序摆放在实验桌上。

（3）仔细观察差速器的内部结构，分析并验证差速器的传动原理，并拍照记录各个零件的整体位置。

（4）取出轴承套，利用锤子和铝棒敲下两输出轴，按顺序摆放在外壳之后。

（5）利用锤子和铝棒敲打两轴承部分，将差速器的壳体与箱体分离，由于差速器结构比较重，由两人合力取出，并竖直放在实验桌上，并取出垫片，如图 1–6–8 所示，拍照记录差速器结构的整体特征。

（6）把固定锥齿轮的螺栓拧下，然后一个人用手拖着从动锥齿轮，一个人用锤子和铝棒把从动锥齿轮敲出来，按顺序摆放好。

（7）把差速器壳体一侧的定位销取下，把行星齿轮轴取出来，接着把壳体里面的一对行星齿轮和一对半轴齿轮取出，并按顺序摆放好。

（8）利用工具把壳体两端的锥轴承取下。

（9）最后，将箱体的螺栓拧开，取出差速器的主动齿轮轴。

差速器的拆装完成，其零部件如图 1–6–9 所示。

图 1–6–8 差速器内部拆装

图 1–6–9 差速器分解图

2．零部件的组装过程（按先出后进原则）

差速器结构如图 1–6–10 所示。组装过程如下。

（1）将主动齿轮轴装回箱体里，并拧上螺栓。

（2）把锥轴承装在差速器壳体的两端，将一对行星齿轮和一对半轴齿轮装进差速器壳体里，并装上行星齿轮轴，再插上定位销固定行星轮轴。

（3）将差速器壳体竖直摆放，重新装上从动锥齿轮，并拧上固定螺栓。

（4）先放上垫片，一人按住轴承外圈，两人将差速器结构慢慢放置在箱体的内腔，让另外的两人装上两端的输出轴，放置好后，使用铁锤和铝棒把输出轴敲稳固，再检验传动机构是否正常工作，最后固定轴承套，拧上螺栓。

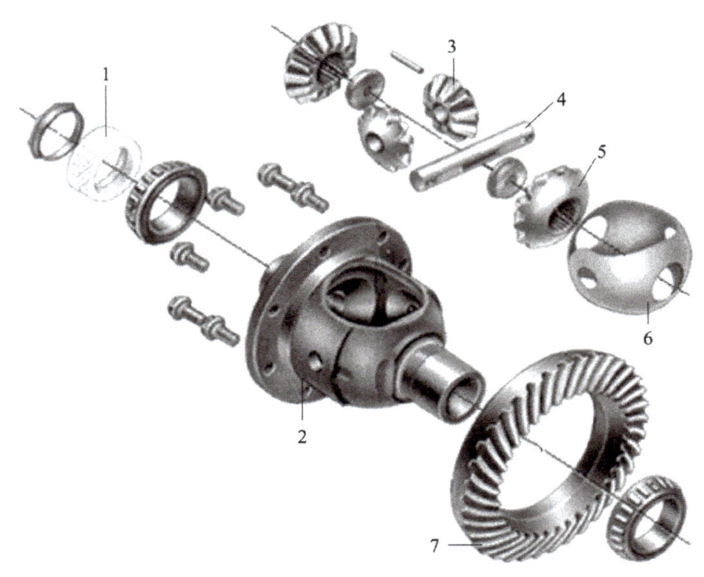

图 1-6-10　差速器结构图

1—里程表主动齿轮；2—差速器壳体；3—行星齿轮；4—行星齿轮轴；5—半轴齿轮；6—球形垫圈；7—从动锥齿轮

（5）装上外壳，拧上螺钉，差速器组装完毕。

任务实施

步骤 1：分组进行主减速器、差速器结构的认知，分析讨论力的传动路线。

步骤 2：分组拆装主减速器、差速器，说明其零件名称。注意安装间隙，按照维修手册数据进行调整。按规范使用拆装工具，注意保持清洁、整齐。

步骤 3：认识主减速器、差速器的零件，并说明其名称，分别说出其作用，观察其结构配合关系。

步骤 4：分组讨论差速器的结构及工作原理，分析行星排的运动规律。

项目小结

任务		主要内容	备注
任务 1.6.1	主减速器结构	1. 驱动桥的组成：主减速器、差速器、半轴、桥壳； 2. 主减速器的分类：单级和双级，圆柱齿轮和锥齿轮； 3. 功用：减速增扭，传递动力，改变力的方向	
任务 1.6.2	差速器的结构	1. 差速器的功用：传递动力，差速，防滑； 2. 差速器的结构：行星齿轮、半轴等； 3. 分类：普通差速器、防滑差速器	
任务 1.6.3	拆装驱动桥	驱动桥拆装相对零件质量大，注意安全，按规范操作	

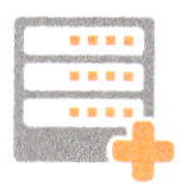

项目评价

评价项目	评分标准	分数	学生自评	小组互评	小计
团队合作	能合作制定出差速器拆装的方案，有交流，有沟通	10			
操作过程	差速器拆装过程，能按标准完成，规范合理	60			
创新点	介绍有创新点	10			
任务方案	完整、合理	10			
完成情况	按时圆满完成	10			
	总分	100			
教师评价					

职业技能鉴定指导

1. 行星锥齿轮差速器工作时的动力传递路线是（　　）。

A. 主减速器—差速器壳—十字轴—行星齿轮—半轴齿轮—半轴驱动车轮

B. 主减速器十字轴—行星齿轮—差速器壳—半轴齿轮—半轴—驱动车轮

C. 主减速器—差速器壳—行星齿轮十字轴半轴齿轮—半轴—驱动车轮

D. 主减速器—十字轴—差速器壳—行星齿轮—半轴齿轮—半轴—驱动车轮

2. 差速器无论差速与否，都具有（　　）的特性。

A. 两半轴齿轮转速之和始终等于差速器壳转速的两倍，而与行星齿轮自转速度无关

B. 差速器壳转速始终等于两半轴齿轮转速之和的两倍，而与行星齿轮自转速度无关

C. 两半轴齿轮转速之和始终等于差速器壳转速，而与行星齿轮自转速度无关

D. 以上答案均不正确

3. 普通差速器使汽车通过较差路面的行驶能力受到限制。为了提高汽车在较差路面上的通过能力，一些越野汽车、高速小客车和载重汽车装用了（　　）。

A. 防滑差速器　　　　B. 轴间差速器

C. 主减速器　　　　D. 以上答案均不正确

模块2　行　驶　系

汽车行驶系的功用是接受发动机传动系传来的转矩，并通过驱动轮与路面间的附着作用，产生路面对汽车的牵引力，以保证整车正常行驶；传递并承受路面作用于车轮上的各向反力及其形成的力矩；缓和各种冲击和振动，保证汽车平顺行驶，并且与汽车转向很好地配合工作，实现汽车行驶方向的正确控制，以保证汽车的操纵稳定性。

汽车行驶系有轮式、半履带式、全履带式、车轮一履带式等几种。

学习本模块，了解行驶系各部件的结构和特点。

2.1

车桥和车轮

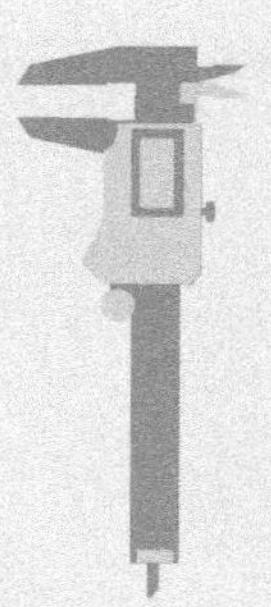

学习目标

1. 知道车架的结构；
2. 知道车桥的结构；
3. 熟悉转向轮定位。

项目导入

汽车行驶系的组成和结构形式，在很大程度上取决于汽车经常行驶的路面的性质。绝大多数汽车行驶在比较坚实的道路上，其行驶系中直接与路面接触的部件是车轮，称这种行驶系为轮式行驶系，这样的汽车便是轮式汽车。

轮式汽车行驶系一般由车架、车桥、车轮和悬架组成。

思维导图

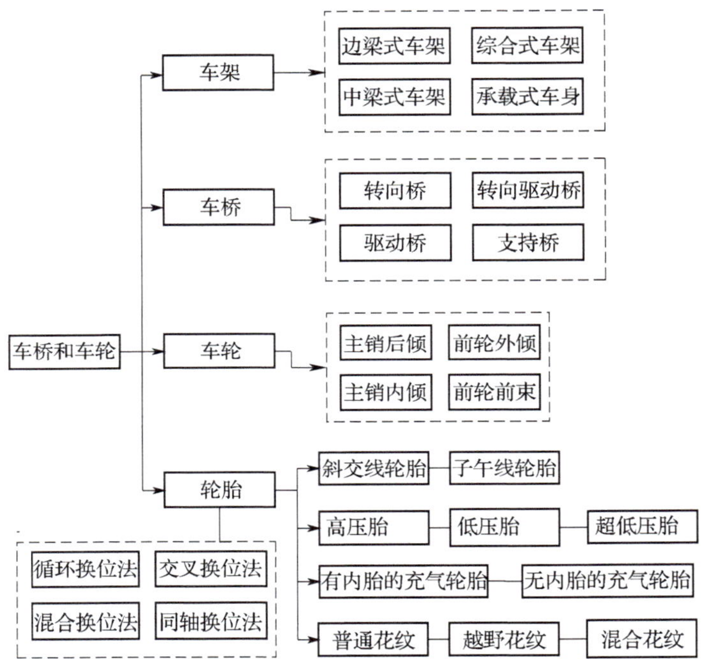

任务2.1.1　车架与车桥

任务要求

1. 了解汽车行驶系的作用与受力分析。
2. 能够分清各种类型的车架。

相关知识

一、车架结构

1. 车架功用

（1）支撑、连接汽车各零部件和总成。它是汽车的装配基体，汽车绝大多数的零部件、总成都要安装在车架上。

（2）承受载荷。车架不仅承受各零部件、总成的载荷，还要承受汽车行驶时来自路面的各种复杂载荷，如汽车加速、制动时的纵向力，汽车转弯、侧坡行驶时的侧向力，不良路面传来的冲击等。

2. 车架分类

按照车架纵梁和横梁结构的特点，汽车车架结构形式大体可分为：边梁式车架、中梁式车架、综合式车架和承载式车身。

（1）边梁式车架。边梁式车架主要是载货汽车和特种车辆使用，由两根纵梁和若干根横梁组成，如图 2–1–1 所示。

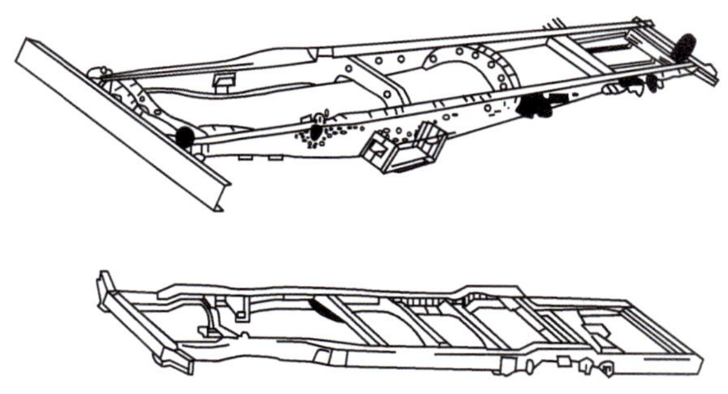

图 2–1–1 边梁式车架

车体建构在车架之上，至于车门、沙板、引擎盖、行李箱盖等钣金件，则是另外包覆于车体之外，因此车体与车架其实是属于两个独立的构造。这种设计的最大好处是同时兼顾了轻量化与刚性，因此受到了不少跑车制造商的青睐，早期的法拉利与兰博基尼都是采用这种设计。

变形：X 形车架，如图 2–1–2 所示。

（2）中梁式车架。只有一根位于中央贯穿汽车全长的纵梁，又称脊骨式车架，如图 2–1–3 所示。

变形：平台式车架，如图 2–1–4 所示。

（3）综合式车架。由边梁式和中梁式组合而成，又称复合式车架，如图 2–1–5 所示。

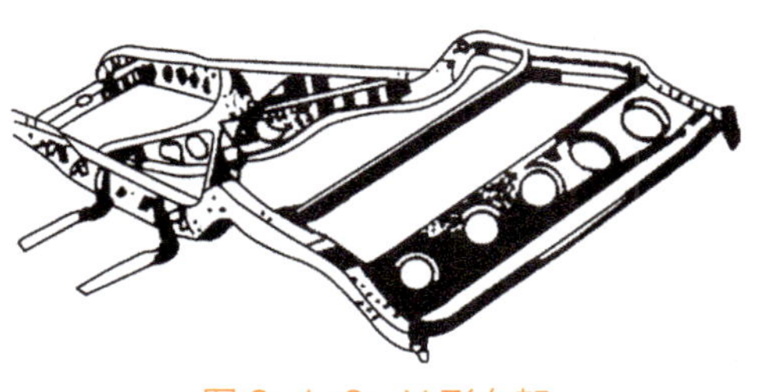

图 2–1–2 X 形车架

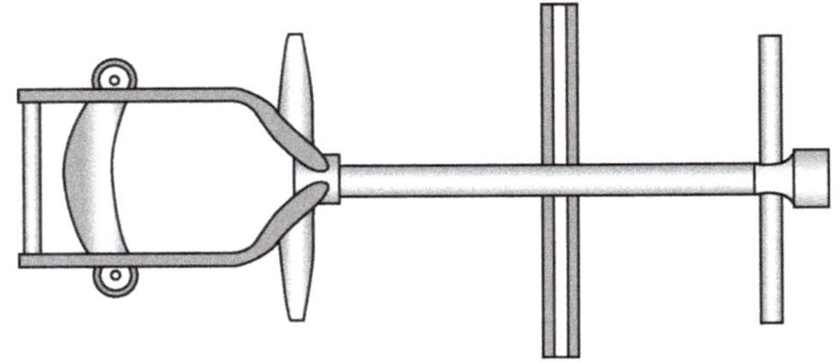

图 2–1–3 中梁式车架

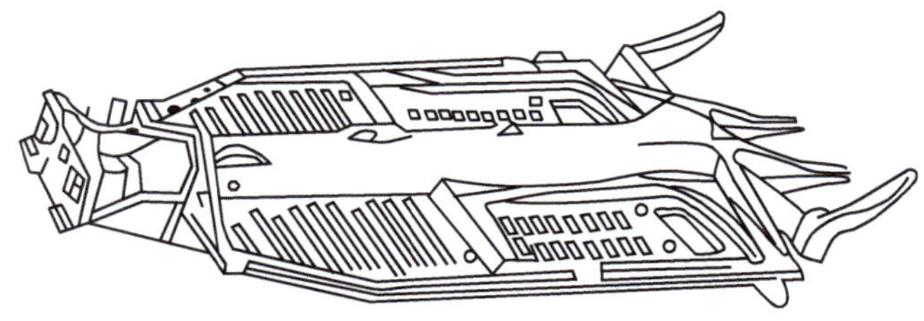

图 2–1–4 平台式车架

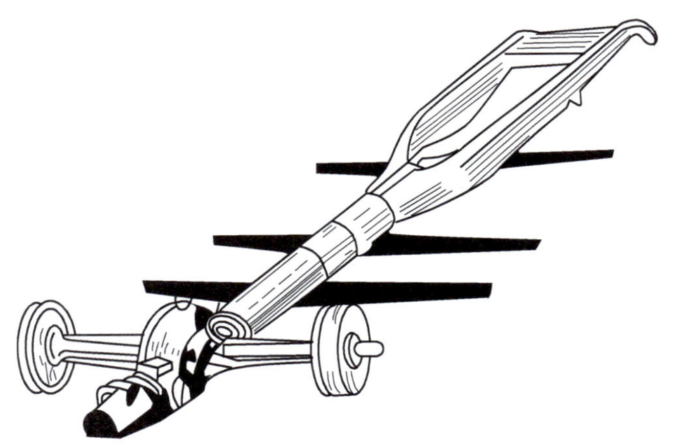

图 2–1–5 综合式车架

变形：承载式车身（无梁式车架），如图 2–1–6 所示。

承载式车身由钢（较先进的是铝）经冲压、焊接而成，对设计和生产工艺的要求都很高，这也是中国车身设计开发难以突破的一大难点。成形的车架是个带有座舱、发动机舱和底板的骨架，我们所能看到的光滑的汽车车身则是嵌在骨架上的覆盖件。

承载式车身是轿车的主流，因为这种结构将车架和车身合二为一，重量轻，可利用空间大，重心低，而且冲压成形的制造方式十分适合现代化的大批量生产。但是除了开发制造难度高外，刚度（尤其是抗扭刚度）不足也是承载式车身的一大缺陷。

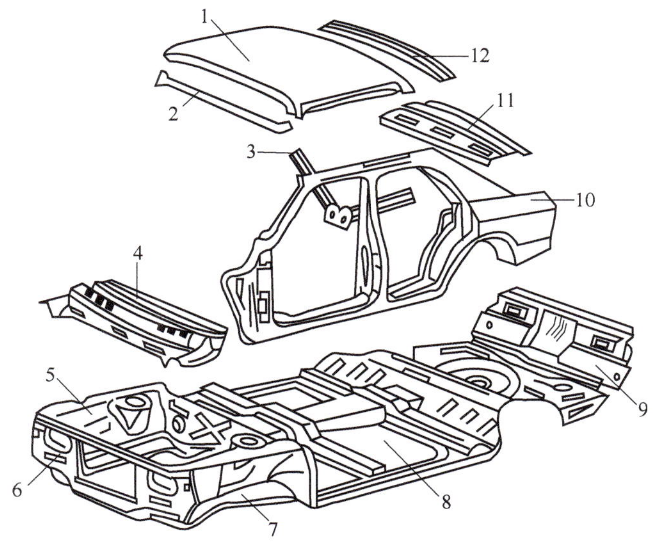

图 2-1-6 承载式车身

1—顶盖；2—前风窗框上部；3—加强撑；4—前围外板；5—前挡泥板；6—散热器框架；7—底板前纵梁；8—底板部件；9—行李箱后板；10—侧门框部件；11—后围板；12—后风窗框上部

二、车桥的结构

1. 车桥功用

汽车车桥（又称车轴）通过悬架与车架（或承载式车身）相连接，其两端安装车轮。但是在车架与车桥（车轮）之间传递力与力矩的是悬架，而不是车桥。车桥的作用是承受汽车的载荷，维持汽车在道路上的正常行驶。

2. 车桥类型

（1）按悬架结构，车桥可分为断开式和整体式两种：断开式车桥为活动关节式结构，它与独立悬架配合使用；整体式车桥的中部是刚性实心或空心梁，它多配用非独立悬架。

（2）按车轮的不同运动方式（驱动方式），车桥又可分为转向桥、驱动桥、转向驱动桥和支持桥四种类型。其中，转向桥和支持桥均属于从动桥。一般汽车的前桥多为转向桥，而后桥或中、后两桥多为驱动桥。越野汽车或大部分轿车的前桥既是转向桥也是驱动桥，故称为转向驱动桥。有些单桥驱动的三轴汽车（6×2）的中桥（或后桥）是驱动桥，则后桥（或中桥）都是支持桥。

3. 转向桥

（1）功用：利用转向节的摆动使车轮偏转一定的角度以实现汽车的转向；承受车轮与车架之间的垂直载荷、纵向的道路阻力、制动力和侧向力以及这些力所形成的力矩。整体式转向桥如图 2-1-7 所示。

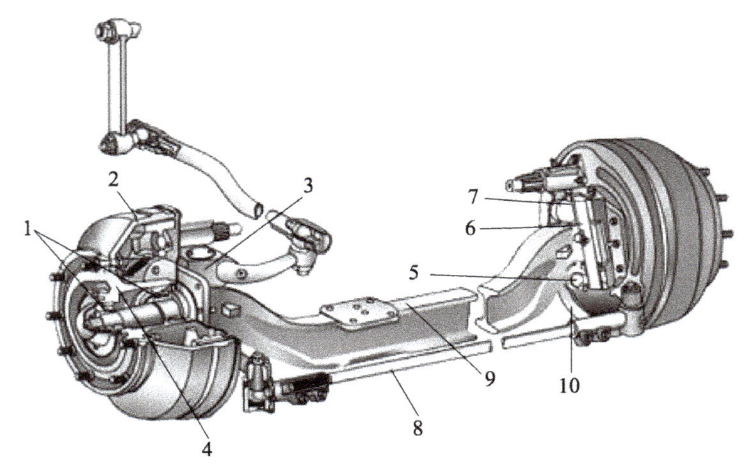

图 2-1-7　整体式转向桥

1—轮毂轴承；2—制动鼓；3—转向节；4—轮毂；5—止推轴承；6—主销；7—衬套；8—转向横拉杆；9—前梁；10—梯形臂

（2）组成：前轴、转向节、主销和轮毂等。

① 前轴：其断面一般是工字形，为提高抗扭强度，在接近两端各有一个加粗部分成拳形，其中有通孔，主销即插入此孔内，中部向下弯曲成凹形，其目的是使发动机位置得以降低，从而降低汽车质心，扩展驾驶员视野，减小传动轴与变速器输出轴之间的夹角。

② 转向节：车轮转向的铰链，它是一个叉形件。上下两叉有安装主销的两个同轴孔，转向节轴颈用来安装车轮。转向节上销孔的两耳通过主销与前轴两端的拳形部分相连，使前轮可绕主销偏转一定角度而使汽车转向。

③ 主销：作用是铰接前轴及转向节，使转向节绕着主销摆动以实现车轮的转向。主销的中部切有凹槽，安装时用主销固定螺栓与它上面的凹槽配合，将主销固定在前轴的拳形孔中。主销与转向节上的销孔是动配合，以便实现转向。

④ 轮毂：车轮轮毂通过两个圆锥滚子轴承支撑在转向节外端的轴颈上。轴承的松紧度可用调整螺母（装于轴承外端）加以调整。

4. 转向驱动桥

（1）功能：具有转向和驱动两种功能。既具有一般驱动桥的基本部件，还具有转向桥特有的主销等，如图 2-1-8 所示。

（2）转向驱动桥的结构组成：既具有一般驱动桥所具有的主减速器、差速器及半轴，也具有一般转向桥所具有的转向节壳体、主销和轮毂等。它与单独的驱动桥、转向桥相比，不同之处是，由于转向所需要半轴被分为两段，分别叫内半轴（与差速器相连接）和外半轴（与轮毂连接），两者用等速万向节连接起来。同时，主销也因此分成上下两段，分别固定在万向节的球形支座上。转向节轴颈做成空心，以便外半轴从中穿过。转向节的连接叉是球状转向节壳体，既满足了转向的需要，又适应了转向节的传力。转向驱动桥广泛地应用在全轮驱动的越野汽车上。

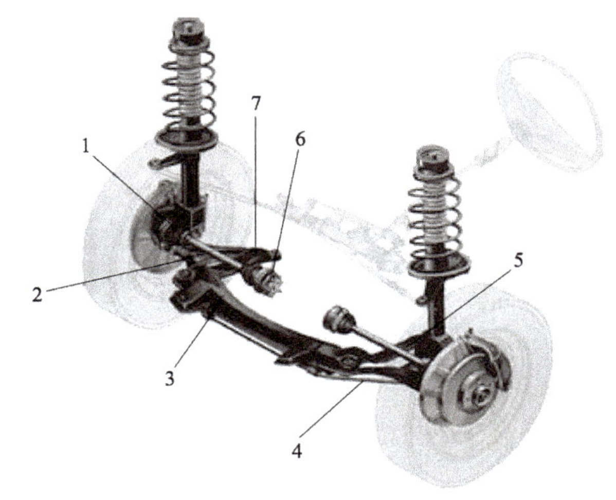

图 2-1-8 转向驱动桥

1—外等速万向节；2—传动轴；3—副车架；4—横向稳定杆；5—悬架摆臂；6—内等速万向节；7—发动机悬置

（3）转向驱动桥的工作过程：桥的中部装有主减速器和差速器。内半轴和外半轴通过等速万向节连接在一起，外半轴的端部制有花键，它和半轴凸缘相啮合。当前桥驱动时，转矩由主减速器、差速器传给内半轴、万向节、外半轴和半轴凸缘，最后传递到轮毂，驱使车轮旋转。

转向节由转向节轴颈和转向节外壳用螺栓连接成整体。转向节轴颈上装有两个轮毂轴承，以支撑轮毂；转向节轴颈内孔壁内压装有衬套，以支撑外半轴。在转向节外壳的上下两端分别装有上下两段主销的加粗部分，并用止动销止动，在转向节外壳上端装有转向节臂，在转向节外壳下端装有下盖。润滑脂由上、下油嘴注入后，分别进入主销中心油道，再从两个侧孔出来进入主销与衬套之间，实现润滑。汽车转向时，转向直拉杆拉动转向节臂带动转向节绕主销摆动，这时转向轮即可随之偏转，从而实现汽车的转向。

5. 支持桥

支持桥属于从动桥。单桥驱动的三轴汽车，后桥设计成支持桥，挂车上的车桥也是支持桥，发动机前置前驱动轿车的后桥也属于支持桥。

任务实施

步骤 1：分组观察车架结构，描述车架的分类、结构特点。

步骤 2：观察车桥结构，描述车桥的作用。分析车桥的分类及不同结构特征。讨论车桥需要改进的地方。

步骤 3：分析轿车车桥的类型，观察实训车辆的车桥结构及特点。分析受力及承载的情况、刚度情况，讨论提出改进意见。

任务2.1.2　转向轮定位

任务要求

1. 知道转向轮定位的功用。
2. 知道转向车轮定位的 4 个参数。

相关知识

车轮定位指转向车轮、转向节和前轴三者之间的安装应保持一定的相对位置关系，这种相对位置关系称为转向车轮定位。

车轮定位参数有：主销后倾、主销内倾、前轮外倾和前轮前束 4 个参数。

通常车轮定位主要是指前轮定位，现在也有许多车辆需要除前轮定位外的后轮定位即四轮定位。

一、主销后倾

在汽车的纵向平面内（汽车的侧面），主销上部向后倾一个角度 γ，称为主销后倾角，如图 2-1-9 所示，主销安装在前轴上，其上端略向后倾斜。

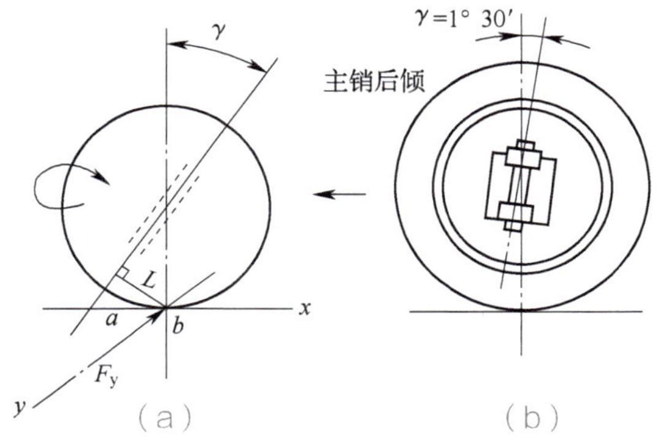

图 2-1-9　主销后倾

作用：形成回正力矩，保证汽车直线行驶的稳定性，并使汽车转向后回正操纵轻便。

二、主销内倾

在汽车的横向平面内，主销上部向内倾斜一个角度，图 2-1-10 中 β 为主销内倾角。制造前轴时将其销孔轴线向内倾斜形成。

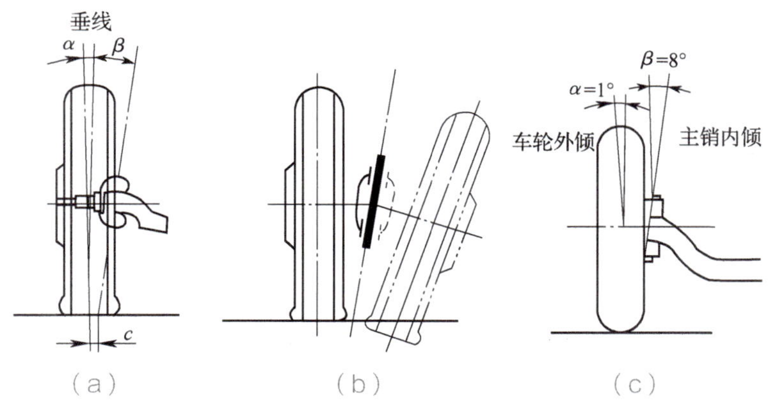

图 2-1-10 主销内倾及车轮外倾

作用：使转向车轮自动回正，使转向操纵轻便。

三、前轮外倾

前轮外倾角是通过车轮中心的轮胎中心线与地面垂线之间的夹角 α，它也有回正作用。在汽车的横向平面内，前轮中心平面向外倾斜一个角度。轮胎呈“八”字形张开时称负外倾，呈“V”字形张开时称正外倾，如图 2-1-11 所示。α 为前轮外倾角，在设计转向节时使转向节轴颈的轴线与水平面成一角度。

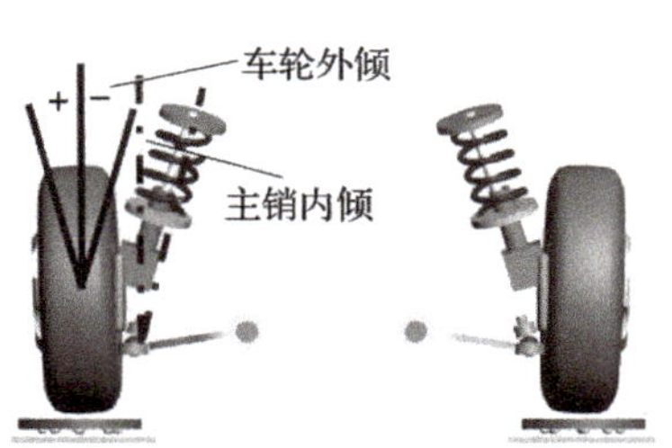

图 2-1-11 前轮外倾

四、前轮前束

为消除车轮外倾后带来的不良后果，在安装车轮时使汽车两前轮的中心平面不平行，两轮前边缘距离小于后边缘距离，俯视车轮，汽车的两个前轮的旋转平面并不完全平行，而是稍微带一些角度，这种现象称为前轮前束。*A*–*B* 之差称为前轮前束，如图 2-1-12 所示。

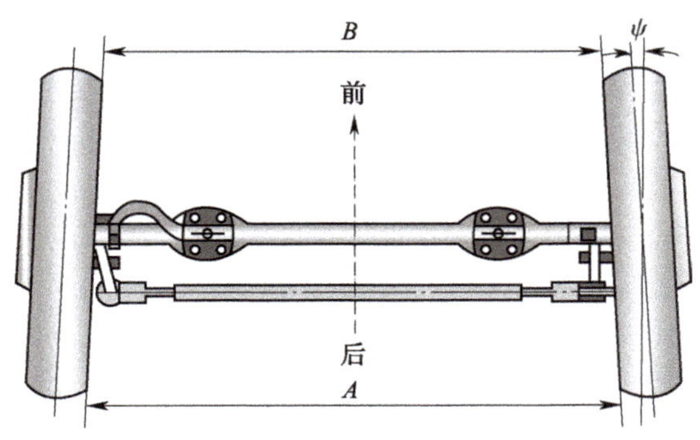

图 2-1-12 前轮前束

内八字样前端小后端大的称为前束，而像外八字一样后端小前端大的称为后束或负前束。

五、后轮定位

后轮定位不当，即使前轮定位良好，仍然会有不良的操纵性和轮胎早期磨损。

（1）后轮外倾角。像前轮外倾角一样，后轮外倾角也对轮胎磨损和操纵性有影响。

（2）后轮前束。同前轮前束一样，后轮前束也是后轮定位的一个重要项目。如果前束不当，后轮轮胎也会被擦伤。

小知识：四轮定位

四轮定位是以车辆的四轮参数为依据，通过调整以确保车辆良好的行驶性能并具备一定的可靠性。

轿车的转向车轮、转向节和前轴三者之间的安装具有一定的相对位置，这种具有一定相对位置的安装叫做转向车轮定位，也称前轮定位。前轮定位包括主销后倾(角)、主销内倾(角)、前轮外倾(角)和前轮前束4个内容。这是对两个转向前轮而言，对两个后轮来说也同样存在与后轴之间安装的相对位置，称后轮定位。后轮定位包括车轮外倾(角)和逐个后轮前束。这样前轮定位和后轮定位总起来说叫四轮定位。

任务实施

步骤 1：学习四轮定位仪的使用方法。

步骤 2：检验每一个轮子的车轮参数，判断是否合格。

任务2.1.3　车轮与轮胎

任务要求

1. 知道车轮的功用、类型与结构。
2. 知道轮胎的功用、类型及轮胎规格的表示方法。

相关知识

一、车轮结构

1. 车轮功用

车轮的功用是支持全车的质量，承受驱动力、制动力，以及地面对车轮的各种力，并通过轮胎与路面接触来实现汽车的运动。同时，转向轮还承担引导汽车前进方向的任务。

车轮一般是指由轮毂、轮辋、轮辐和轮胎所组成的总成。轮毂是车轮中心安装车轴的部分。

2. 车轮组成

车轮总成如图 2-1-13 所示，车轮的组成如图 2-1-14 所示。

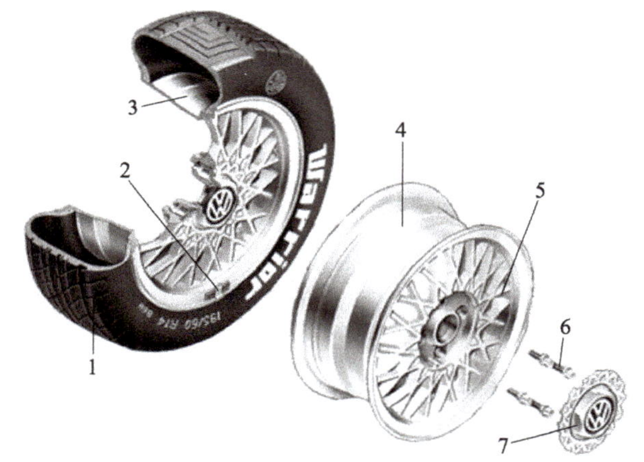

图 2-1-13 车轮总成

1—子午线轮胎；2—平衡块及夹子；3—车轮；4—轮辋；5—轮辐；6—车轮螺栓；7—车轮饰板

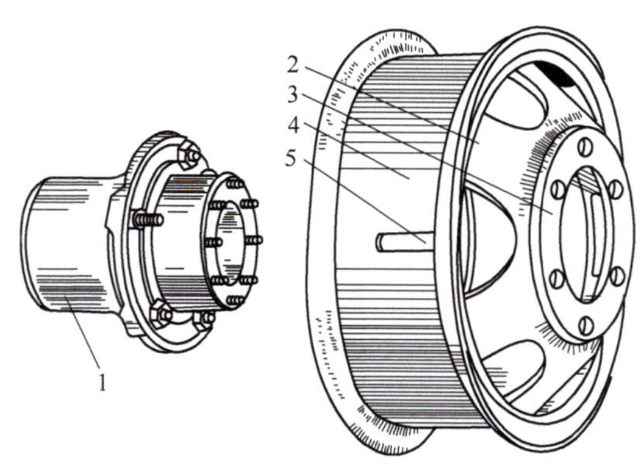

图 2-1-14 车轮的组成

1—轮毂；2—挡圈；3—轮辐（辐板式）；4—轮辋；5—气门嘴出口

（1）轮辋：又叫钢圈，用来安装轮胎，与轮胎共同承受作用于车轮上的负荷。

（2）轮辐：将轮辋与轮毂连接起来。轮辋与轮辐的连接分为可拆式和整体式。

（3）轮毂：通过圆锥滚子轴承套装在转向节的轴颈上，连接制动鼓、轮辐、半轴凸缘。

3. 国产轮辋的类型及代号

（1）轮辋的类型，如图 2-1-15 所示。目前轮辋轮廓类型有 7 种。深槽轮辋：代号 DC；深槽宽轮辋：代号 WDC；半深槽轮辋：代号 SDC；平底轮辋：代号 FB；平底宽轮辋：代号 WFB；全斜底轮辋：代号 TB；对开式轮辋：代号 DT。

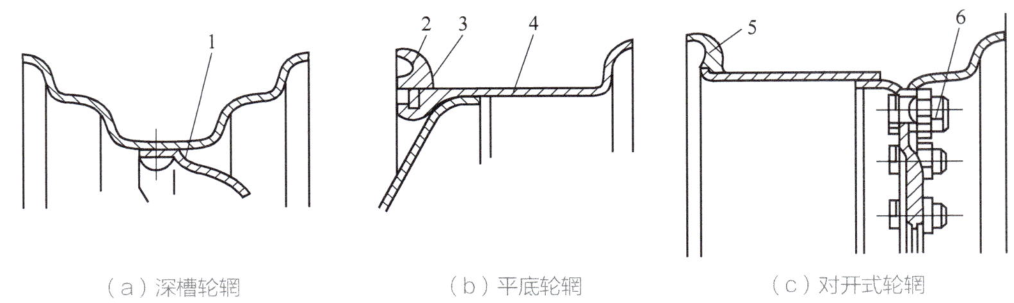

（a）深槽轮辋　（b）平底轮辋　（c）对开式轮辋

图 2-1-15　轮辋的类型

1—轮辐；2、5—挡圈；3—锁圈；4—轮辋；6—螺栓

轮辋的结构形式，根据其主要由几个零件组成分为：一件式轮辋、二件式轮辋、三件式轮辋、四件式轮辋和五件式轮辋。一件式轮辋具有深槽的整体式结构。二件式轮辋可以拆卸为轮辋体和弹性挡圈两个主要零件。三件式轮辋可以拆卸为轮辋体、挡圈和锁圈 3 个主要零件。四件式轮辋可以拆为轮辋体、挡圈、锁圈和座圈 4 个主要零件，也可以拆为轮辋体、锁圈和 2 个挡圈。五件式轮辋可以拆卸为轮辋体、挡圈、锁圈、座圈和密封环 5 个主要零件。

（2）国产轮辋的规格代号。

轮辋规格用轮辋名义宽度代号、轮缘高度代号、轮辋结构形式代号、轮辋名义直径代号和轮辋轮廓类型代号来共同表示。轮辋名义宽度和名义直径代号的数值是以 in（英寸）表示（当新设计轮胎以 mm 表示直径时，轮辋直径用 mm 表示）。直径数字前面的符号表示轮辋结构形式代号 -，符号“X”表示该轮辋为一件式轮辋，符号“-”表示该轮辋为两件或两件以上的多件式轮辋。在轮辋名义宽度代号之后的拉丁字母表示轮缘的轮廓（E、F、J、JJ、KB、L、V 等）。有些类型的轮辋（如平底宽轮辋），其名义宽度代号也代表了轮缘轮廓，不再用字母表示。最后面的代号表示了轮辋轮廓类型代号。

例如：北京 BJ2020 型汽车轮辋为 4.50 E × 16，表示该轮辋名义宽度为 4.5 in，名义直径为 16 in，轮缘轮廓代号为 E 的一件式深槽轮辋。对于平底式宽轮辋，只有表示轮辋名义宽度和名义直径的数字，而没有表示轮缘轮廓的拉丁字母代号。例如，东风 EQ1090 型汽车轮辋规格为 7.0–20；解放 CA1091 型汽车轮辋规格为 6.5–20。

新设计的轮辋以下列方式表示：

轿车：10 × 3.50 C，15 × 6 JJ。

二、轮胎的结构

1. 轮胎的功用

轮胎是汽车上最重要的组成部件之一，它的作用主要有：支持车辆的全部重量，承受汽车的负荷；传送牵引和制动的扭力，保证车轮与路面的附着力；减轻和吸收汽车在行驶时的振动和冲击力，防止汽车零部件受到剧烈振动和早期损坏，适应车辆的高速性能并降低行驶时的噪声，保证行驶的安全性、操纵稳定性、舒适性和节能经济性。

2. 轮胎的分类

（1）按有无内胎分类：有内胎的充气轮胎，如图 2-1-16（a）所示，无内胎的充气轮胎，如图 2-1-16（b）所示。

（2）按胎压分类：高压胎、低压胎、超低压胎。

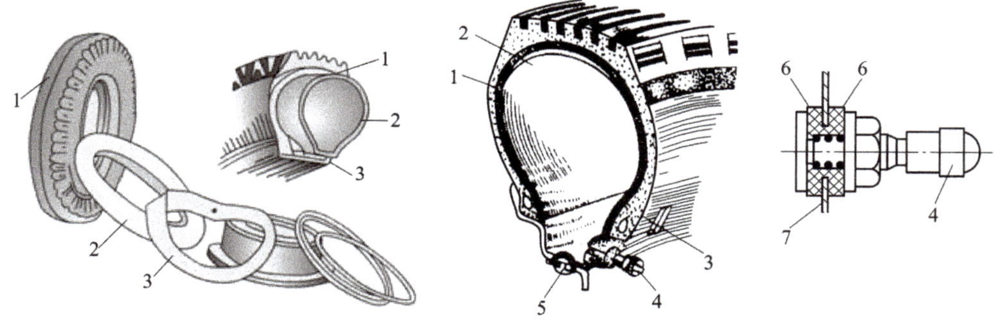

（a）有内胎的充气轮胎

1—外胎；2—内胎；3—垫带

（b）无内胎的充气轮胎

1—橡胶密封层；2—自黏层；3—槽纹；4—气门嘴；5—铆钉；6—橡胶密封衬垫；7—轮辋

图 2-1-16 有内胎和无内胎充气轮胎

（3）按用途分类：轿车轮胎、轻型载重汽车轮胎、载重和公共汽车轮胎、工程机械轮胎、越野汽车轮胎、农业和林业机械轮胎等。

（4）按结构设计分类：斜交线轮胎（见图 2-1-17）、子午线轮胎（见图 2-1-18）。

3. 轮胎的结构

轮胎通常由外胎、内胎、垫带三部分组成，如图 2-1-19 所示。

外胎是由胎体、缓冲层（或称带束层）、胎面、胎侧和胎圈组成。

（1）胎体：又称胎身。通常指由一层或数层帘布层（具有强度、柔软性和弹性）与胎圈组成整体的（作为）充气轮胎的受力结构。

（2）帘子布层：胎体中由并列挂胶帘子线组成的布层，是轮胎的受力骨架层，用以保证轮胎具有必要的强度及尺寸稳定性。

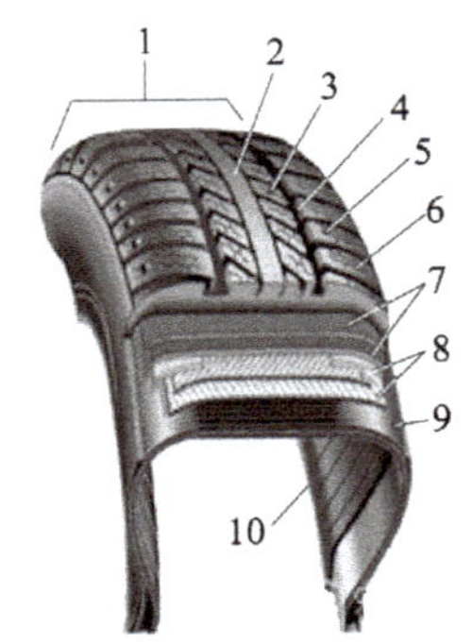

图 2-1-17 斜交线轮胎

1—胎冠区域；2—肋条形花纹；3—花纹块；4—沟槽；5—刀槽花纹；6—胎肩；7—尼龙带束层；8—钢丝层；9—帘线层（子午线）；10—气密层

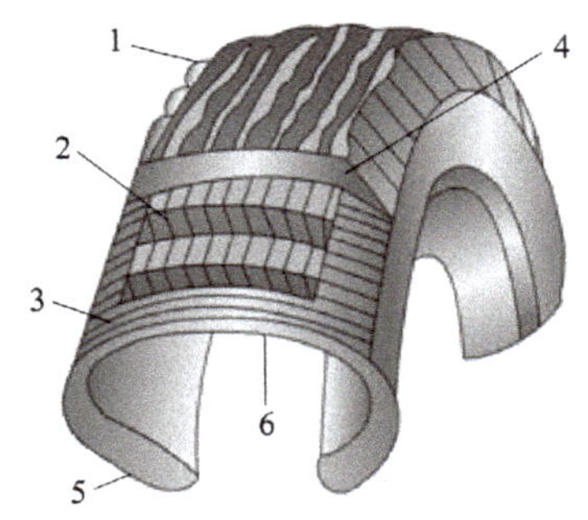

图 2-1-18 子午线轮胎

1—胎冠；2—带束层；3—帘布层；4—胎肩；5—胎面；6—子午断面

（3）胎圈：轮胎安装在轮辋上的部分，由胎圈心、帘布层包边和胎圈包布等组成。

（4）缓冲层（或称带束层）：斜交轮胎胎面与胎体之间的胶帘布层或胶层，不延伸到胎圈的中间材料层。用于缓冲外部冲击力，保护胎体，增进胎面与帘布层之间的黏合。

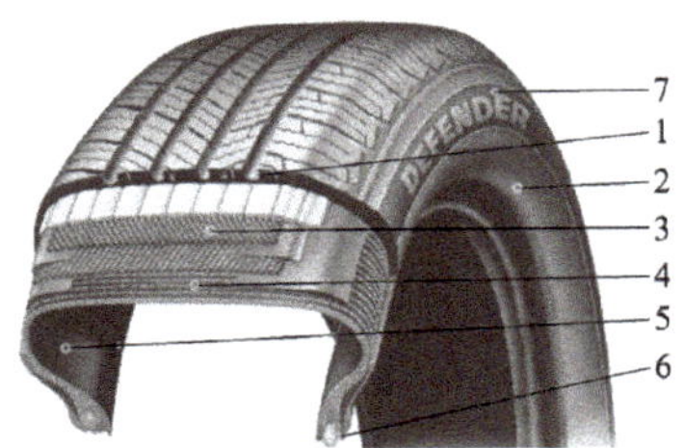

图 2-1-19 外胎的构造

1—胎面；2—胎侧；3—钢丝带束层；4—胎体帘子布层；5—气密层；6—胎圈；7—胎肩

（5）胎面：外胎最外面与路面接触的橡胶层，胎面用来防止胎体受机械损伤和早期磨损，向路面传递汽车的牵引力和制动力，增加外胎与路面（土壤）的抓着力，以及吸收轮胎在运行时的振荡。

（6）胎肩：胎冠两侧的边缘部分（胎侧、加强区部位最外层的橡胶统称为胎面胶）。

轮胎在正常行驶时直接与路面接触的那一部分胎面称为行驶面。行驶面表面由不同形状的花纹块、花纹沟构成，凸出部分为花纹块，花纹块的表面可增大外胎和路面（土壤）的抓着力和保证车辆必要的抗侧滑力。花纹沟下层称为胎面基部，用来缓冲振荡和冲击。

（7）胎侧：轮胎侧部帘布层外层的胶层，用于保护胎体，又有弹性。

4．轮胎规格

规格是轮胎几何参数与物理性能的标志数据。轮胎的规格常用一组数字表示，前一个数字表示轮胎断面宽度，后一个数字表示轮辋直径，均以 in 为单位。中间的字母或符号有特殊含义：

轮胎结构：“R”表示子午胎，“D”、“—”表示斜交胎。

其 他：“XL”表示质地局部加强胎，“TG”表示工程牵引车和平地机轮胎（非公路用），“NHS”表示非公路使用轮胎。

以下是一个常见的轮胎规格表示方法：

例：185/70R14c86H

185：胎面宽（mm）；

70：扁平比（胎高 ÷ 胎宽）（70 指 70%）；

R：子午线结构；

14：钢圈直径（in）；

c：表示是加重胎；

86：载重指数（表示对应的最大载荷为 530 kg）；

H：速度代号（表示最高安全极速是 210 km/h）；

速度代号最高时速（km/h）：

C：60，D：65，E：70，F：80，G：90，J：100，K：110，L：120，M：130，N：140，P：150，Q：160，R：170，S：180，T：190，U：200，H：210，V：240，W：270，Y：300。

载重代号限额：

80：450 kg，81：462 kg，82：475 kg，83：487 kg，84：500 kg，85：515 kg，86：530 kg，87：545 kg，88：560 kg，89：580 kg，90：600 kg。

5. 轮胎的花纹

轮胎的花纹形式多种多样，但归纳起来，主要有三种：普通花纹、越野花纹和混合花纹。

（1）普通花纹。普通花纹适合于在硬路面上使用。它分为纵向花纹、横向花纹和纵横兼有花纹。

① 纵向花纹。纵向花纹的共同特点是胎面纵向连续，横向断开，因而胎面纵向刚度大，而横向刚度小，轮胎抗滑能力呈现出横强而纵弱。这种花纹轮胎的滚动阻力较小，散热性能好，但花纹沟槽易嵌入碎石子。综合起来看，具有这种形式的花纹的轮胎适合在比较清洁、良好的硬路面上行驶。例如，轿车、轻型和微型货车等多选择这种花纹。

② 横向花纹。横向花纹的共同特点是胎面横向连续，纵向断开，因而胎面横向刚度大，而纵向刚度小。故轮胎抗滑能力呈现出纵强而横弱，汽车以较高速度转向时，容易侧滑；轮胎滚动阻力也比较大，胎面磨损比较严重。具有这种形式的花纹的轮胎适合于在一般硬路面上、牵引力比较大的中型或重型货车上使用。

③ 纵横兼有花纹。这种花纹介于纵向花纹和横向花纹之间。在胎面中部一般具有曲折形的纵向花纹，而在接近胎肩的两边则有横向花纹。这样一来，台面的纵横抗滑能力均比较好。因此具有这种花纹的轮胎适应能力强，应用范围广泛，它既适用于不同的硬路面，也适用于轿车和货车。

（2）越野花纹。越野花纹分为无向和有向花纹两种。有向花纹使用时具有方向性。越野花纹轮胎适合于在崎岖不平的道路、松软的土路和无路地区使用。由于花纹块的接触压力大，滚动阻力大，故不适合在良好的硬路面上长时间行驶。否则，将加重轮胎磨损，增加燃油消耗，汽车行驶振动也比较厉害。

（3）混合花纹。混合花纹是普通花纹和越野花纹之间的一种过渡性花纹。其特点是胎面中部具有方向各异或以纵向为主的窄花纹沟槽，而在两侧则有以方向各异或以横向为主的宽花纹沟槽。这样的花纹搭配使混合花纹的综合性能好，适应能力强。它既适用于良好的硬路面，也适用于碎石路面、雪泥路面和松软路面，附着性能优于普通花纹，但耐磨性能稍逊。一些货车和四轮驱动的乘用车多使用这种形式的花纹轮胎。

任务实施

步骤 1：观察车轮，叙述车轮的结构组成。

步骤 2：分组叙述车轮共由几部分组成，对应实训车辆，分析轮胎的类型及结构。

步骤 3：分析轮辋的类型和含义。

步骤 4：观察实训车辆轮胎的规格，轮胎花纹属于哪种类型，分析其优缺点。

任务2.1.4　轮胎的拆装

任务要求

1. 知道换轮胎换位方法。
2. 能更换轮胎。

相关知识

一、轮胎选用规则

首先，优先考虑原厂轮胎，原厂轮胎是最能配合汽车速度及汽车的最大载重的，因此从理论上说，在更换轮胎时应优先考虑。

其次，留意轮胎花纹，汽车轮胎上的花纹，除了起到美观的效果之外，对轮胎的性能也有极大的影响。经常在多雨地区行驶的汽车，应该选择那些排水性比较好的轮胎，比如具有规则的小块状花纹的轮胎；而需要越野和跑长途的汽车，则可以选择具有大块状的花纹的轮胎。

最后，如果对车辆原来的操控性不满意，可以考虑更换扁平比更低的轮胎，对很多车型来说，改善车辆外观及操纵性能的最有效的方法之一便是更换低扁平比的轮胎。每一种款式的轮胎都有它们特定的功能，因此在选择轮胎时，应该问清楚什么款式的轮胎适合什么样的驾驶习惯，这样汽车行驶时才更安全。

二、轮胎更换流程

（1）选择合适的轮辋，注意轮辋的尺寸（如轮辋的高度、法兰盘高度），并清洁轮辋。

（2）新轮胎用新气门嘴。

（3）正确润滑（不要使用汽油或机油、煤油等）。

（4）原车配胎安装方向以车厂要求为准，其他轮胎生产日期朝外（除方向性轮胎、白凸字轮胎以及有胎壁保护层的轮胎。方向性轮胎安装时要使车轮上的箭头与汽车前进方向相同）。

（5）先充气至轮胎所允许的最大气压，再降至汽车制造商规定的标准气压。

（6）检查气密性（气门芯、气门嘴基座、轮辋凸缘与胎唇结合部）。

（7）安装气门帽。

三、轮胎更换的注意事项

更换轮胎时要注意，同一辆汽车上不能混用种类不同、型号不同、胎体结构不同的轮胎，同一轴上的轮胎更要防止混用，如果要更换一边轮胎，另一边也要同时更换。

（1）请使用标准轮圈，已变形或损伤的轮圈切勿使用。

（2）轮圈与轮胎组合前，请先清理轮圈与轮胎，不可有杂物留置于内部。

（3）轮圈与轮胎组合前，可使用橡胶润滑剂或肥皂水擦拭胎唇轮圈凸缘，请勿使用油性润滑剂。

（4）轮圈与轮胎组合时应注意嵌合情形，请勿使用超过正常范围的风压强行安装，以免发生危险。

四、轮胎换位

常用的轮胎换位方法有循环换位法、交叉换位法、混合换位法、同轴换位法。用得较多、效果较好的是交叉换位法和同轴换位法。交叉换位法的优点是对拱形路面的适应性好，能更好地保证各条轮胎均衡磨耗。使用中，可根据情况选择其中的某一种，但要注意，一经选后，应始终按所选择的换位方法进行，不宜随便改动。轮胎换位法如图 2–1–20 所示。

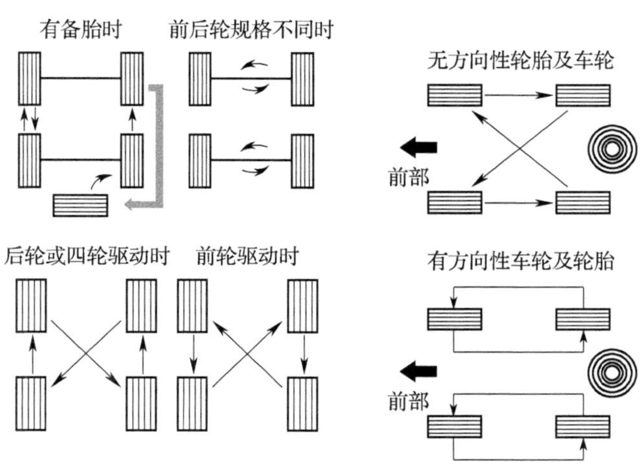

图 2–1–20 轮胎换位法

轮胎换位时可同时目测检查轮胎外观及不正常的磨损情况。有些汽车前后轮胎气压不同，轮胎换位后应重新调整胎压至规定值。轮胎胎侧有转动方向记号（见图2–1–21），换位后应保持轮胎的转动方向不变。

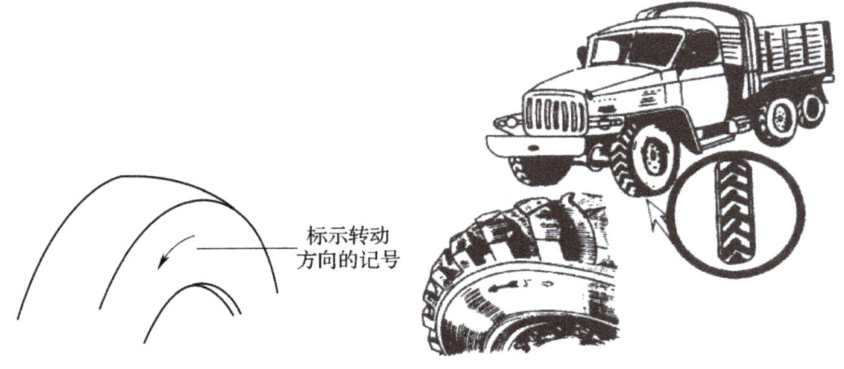

图 2–1–21　轮胎转动方向标记

轮胎换位的操作步骤及要求：拆卸时，首先用千斤顶、架车凳将车辆顶起架好；用套筒或拆装机将各车轮毂螺栓、螺母依次拆下来并放置好；如遇生锈螺母不能拆下时，可用手锤轻敲螺母，并加注煤油，经 20 ~ 30 min 后再旋出；或用喷灯加热后旋出；若上述方法无效时，可用楔子把螺母錾出，但勿损伤其他零件。

小知识：胎压

有数据表明，由爆胎引起的车祸在恶性交通事故中所占的比例非常高，而所有会造成爆胎的因素中轮胎气压不符合安全要求为首要原因。轮胎气压不符合安全要求的情况主要有两种：一种是轮胎气压过高；另一种是轮胎气压过低。这两种情况都容易导致行驶中的汽车爆胎。

轮胎气压过低时，轮胎与地面的接触面变大，行驶时摩擦阻力也变大，当轿车高速行驶时，轮胎升温快，更容易使轮胎高温，会导致轮胎本身膨胀而抗压性变差；同时，当汽车高速行驶时，轮胎与地面接触面的前后两端反复地高频率地做着被弯曲和拉直的运动，在高速运行一段时间后也会很快达到疲劳而爆胎。另外，轮胎气压过低还会使高速运行的轮胎的外胎和内胎之间发生相对位移，这种相对位移对轮胎的内胎有一定的磨损作用。

当胎压过高时，会减小轮胎与地面的接触面积，而此时轮胎所承受的压力相对提高，轮胎的抓地力会受到影响。另外，当车辆经过沟坎或颠簸路面时，轮胎内没有足够空间吸收振动，除了影响行驶的稳定性和乘坐的舒适性外，还会造成对悬挂系统的冲击力度加大，由此也会带来危害。同时，在高温时爆胎的隐患也会相应的增加。

任务实施

步骤1：观看演示轮胎的拆装方法，观察轮胎的磨损情况及左转向标记。
步骤2：分组进行轮胎拆装练习。正确使用拆装工具，测量轮胎气压。
步骤3：叙述车轮的换位方法。
步骤4：分小组练习车轮的换位。注意螺栓的拧紧方法及顺序，规范化操作。
步骤5：保持整洁、清洁卫生。

项目小结

任务		主要内容	备注
任务2.1.1	车架和车轮	1. 车架的功用 （1）支撑、连接汽车各零部件和总成。 （2）承受载荷。 2. 汽车车架的分类 边梁式车架、中梁式车架、综合式车架和承载式车身。 3. 车桥的作用是承受汽车的载荷，维持汽车在道路上正常行驶。 4. 车桥分类 （1）按悬架结构分类：断开式和整体式两种。 （2）按驱动方式分类：转向桥、驱动桥、转向驱动桥和支持桥四种类型	
任务2.1.2	转向轮定位	1. 转向车轮定位：指转向车轮、转向节和前轴三者之间的安装应保持一定的相对位置关系，这种相对位置关系称为转向车轮定位。 2. 车轮定位参数有：主销后倾、主销内倾、前轮外倾和前轮前束4个参数。 3. 主销后倾的作用：形成回正力矩，保证汽车直线行驶的稳定性，并使汽车转向后回正操纵轻便。 4. 主销内倾的作用：使转向车轮自动回正；使转向操纵轻便	
任务2.1.3	车轮与轮胎	1. 车轮的功用是支持全车的质量，承受驱动力、制动力，以及地面对车轮的各种力，并通过轮胎与路面接触而实现汽车的运动。 2. 车轮：由轮毂、轮盘、轮辋和轮胎所组成的总成。 3. 轮胎：分斜交线轮胎、子午线轮胎。分高压胎、低压胎、超低压胎。分内胎的充气轮胎、无内胎的充气轮胎。 4. 轮胎花纹：普通花纹、越野花纹和混合花纹	
任务2.1.4	轮胎的拆装	1. 常用的轮胎换位方式：循环换位法、交叉换位法、混合换位法、同轴换位法。 2. 更换轮胎时注意：同一辆汽车上不能混用种类不同、型号不同、胎体结构不同的轮胎，同一轴上的轮胎更要防止混用，如果要更换一边轮胎，另一边也要同时更换	

项目评价

评价项目	评分标准	分数	学生自评	小组互评	小计
团队合作	团队分工协作较好者，能很好沟通	30			
操作过程	动手能力强，注意安全规范	40			
创新点	是否有创新，观点新颖	10			
任务方案	清晰、合理、明确	10			
完成情况	按时完成，效果较好	10			
	总分	100			
教师评价					

职业技能鉴定指导

一、选择题

1. 轮胎换位的方法常用的有（　　）法和交叉换位法。

A．循环换位　　B．对角换位　　C．平行换位　　D．垂直换位

2. “拆检轮胎，进行轮胎换位”是汽车（　　）维护的内容。

A．日常　　B．一级　　C．二级　　D．以上都是

3. 在使用指针式前束尺测量前束时，要求将前束尺安装在前轴后面两车轮（　　）的中心位。

A．左侧　　B．右侧　　C．内侧

4. 汽车前轮摆振可能由以下哪些原因引起的？（　　）

A．轮胎胎压低　　B．四轮定位失准

C．车轮轴承过紧　　D．方向盘变形

二、判断题

1. 在前轮定位参数中，车轮前束与外倾对车轮测滑的影响较大。（　　）

2. 车辆前轮定位失准，不会影响轮胎磨损。（　　）

3. 轮胎换位既是二级维护的作业内容，又是一级维护的作业内容。（　　）

4. 汽车轮胎磨损程度的检查就是检查轮胎胎面花纹的深度。（　　）

5. 轮辋名义宽度和轮辋名义直径均用数字表示，单位为 in，以 mm 表示时，要求轮胎与轮辋的单位一致。（　　）

6. 轮辋名义宽度和轮辋名义直径均用数字表示，单位为 mm，以 in 表示时，要求轮胎与轮辋的单位一致。（　　）

悬架结构

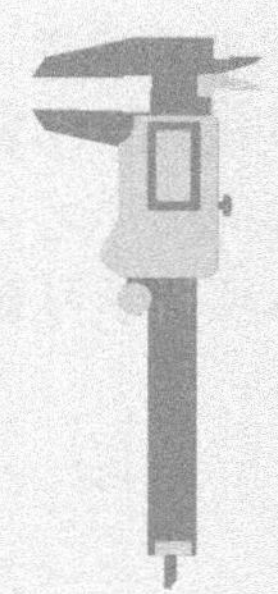

学习目标

1. 熟悉悬架的结构组成及功用；
2. 掌握减振器的结构及工作原理；
3. 掌握悬架的拆装方法。

项目导入

悬架是汽车的车架与车桥（或车轮）之间的连接装置的总称，其功能是传递作用在车桥和车架之间的力和力矩，并且缓冲由不平路面传给车架（或车身）的冲击力，并衰减由此引起的振动，以保证汽车平顺行驶。悬架应有的功能是支持车身，改善乘坐的感觉，不同的悬架设置会使驾驶者有不同的驾驶感受。外表看似简单的悬挂系统综合多种作用力，决定着汽车的稳定性、舒适性和安全性，是现代汽车十分关键的部件之一。

本项目学习悬架的结构及工作原理等。

思维导图

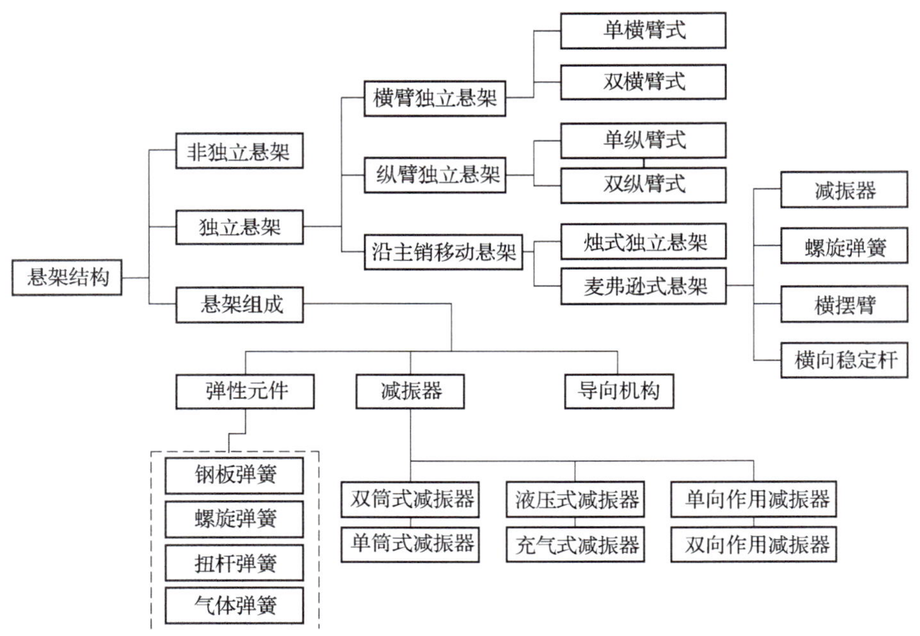

任务2.2.1　悬架的结构

任务要求

1. 了解悬架的作用。
2. 掌握悬架的组成。
3. 了解悬架的类型及应用范围。

相关知识

一、悬架作用

悬架系统把车身与车桥弹性相连。它的主要功能是传递作用在车轮和车身之间的力和力矩，缓和由不平路面传给车身的冲击，并衰减由此引起的振动，以保证轿车乘坐舒适，平顺行驶。

二、悬架组成

悬架系统主要由弹性元件、减振器和导向机构组成，如图 2-2-1 所示。

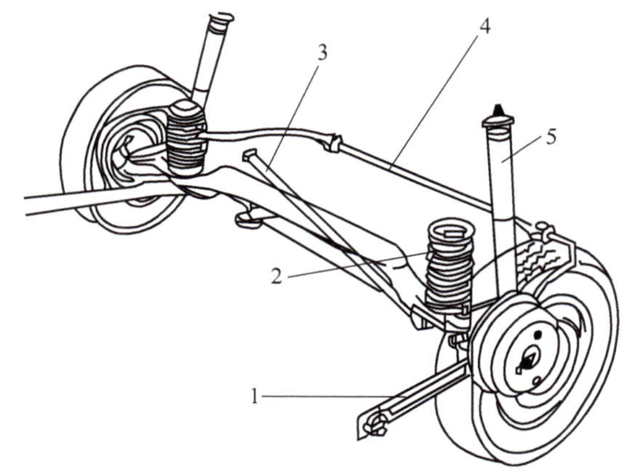

图 2-2-1 悬架系统的组成

1—纵向推力杆；2—弹性元件；3—横向推力杆；4—横向稳定器；5—减振器

弹性元件用来承受并传递垂直载荷，缓和不平路面、紧急制动、加速和转弯等引起的冲击或车身位置的变化。

减振器用来减轻由于弹性系统引起的振动。

导向装置用来使车轮按一定运动轨迹相对车身运动，同时起传递力的作用。通常，导向装置由控制摆臂式杆件组成。多数轿车和客车为防止车身在转向时发生过大的横向倾斜，在悬架系统中加设有横向稳定杆。

三、悬架分类及特点

根据结构不同可分为独立悬架和非独立悬架两种，如图 2-2-2 所示。

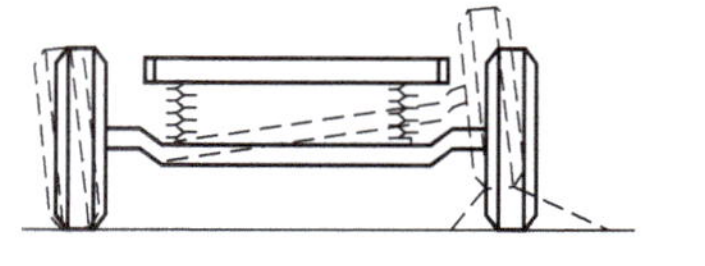

（a）非独立悬架

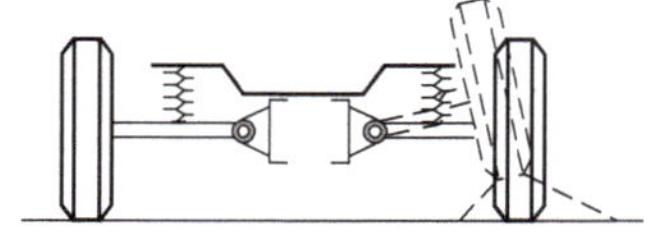

（b）独立悬架

图 2-2-2 非独立悬架与独立悬架示意图

1. 独立悬架

独立悬架采用断开式车桥，两侧车轮分别通过独立悬架与车架或车身相连，每侧车轮可单独运动，互不干扰。采用独立悬架可降低发动机安装位置，有利于降低汽车重心，并使结构紧凑。独立悬架允许前轮有较大的跳动空间，这样便于选择较软的弹性元件，使平顺性得到改善。同时，独立悬架簧载质量小，可提高汽车车轮的附着性能。轿车和载重量大的货车的转向轮广泛采用独立悬架，这样可以满足行驶平顺性和操纵稳定性等方面的要求。但是独立悬架结构复杂，制造成本高，维修不方便。

（1）独立悬架的分类。独立悬架的类型如图 2-2-3 所示。

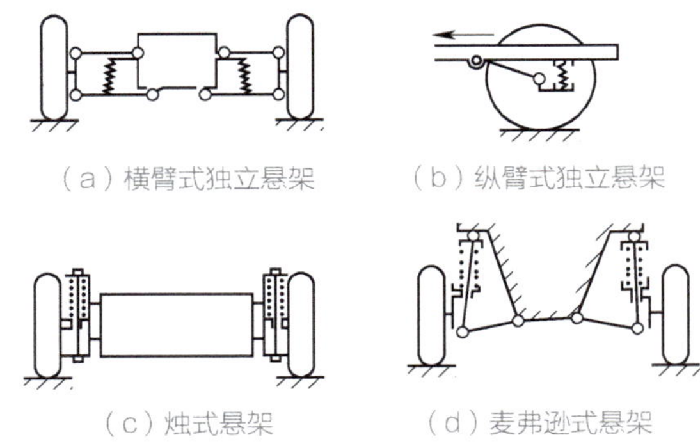

图 2-2-3　独立悬架的类型

① 横臂式独立悬架：单横臂式独立悬架、双横臂式独立悬架。

② 纵臂式独立悬架：单纵臂式独立悬架、双纵臂式独立悬架。

③ 车轮沿主销移动的悬架：烛式独立悬架、麦弗逊式悬架。

（2）独立悬架的特点。独立悬架的优缺点见表 2-2-1。

表 2-2-1　独立悬架的优缺点

优点	缺点
1. 质量轻，减少了车身受到的冲击，并提高了车轮的地面附着力； 2. 可用刚度小的较软弹簧，改善汽车的舒适性； 3. 可以使发动机位置降低，汽车重心也得到降低，从而提高了汽车的行驶稳定性； 4. 左右车轮单独跳动，互不相干，能减轻车身的倾斜和振动	1. 独立悬架系统存在着结构复杂、维修不便的缺点； 2. 成本高； 3. 因为结构复杂，会侵占一些车内乘坐空间

2. 非独立悬架

非独立悬架的特点是两侧车轮安装于整体式车桥上，车轮连同车桥一起通过弹性悬架系统悬架在车架或车身的下面。当一侧车轮受到冲击时，会直接影响到另一侧车轮。

非独立悬架具有结构简单、工作可靠、强度高、保养容易、行车中前轮定位变化小的优点，但由于其舒适性及操纵稳定性都相对较差，被广泛应用于一般货车和客车的悬架上，而在轿车上往往只用于后悬架。

四、悬架结构及调整

以麦弗逊式悬架为例，介绍悬架结构。

麦弗逊式悬架属于独立悬架，是车轮沿主销移动的悬架。麦弗逊式独立悬架目前在轿车中应用很广泛。

1. 麦弗逊式独立悬架的结构

麦弗逊式独立悬架由减振器、螺旋弹簧、横摆臂、横向稳定杆等组成，其结构如图 2-2-4 所示。

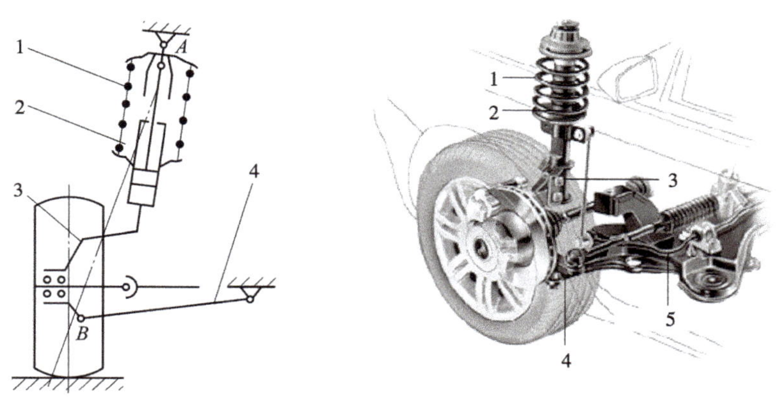

（a）结构原理图　（b）结构示意图

图 2-2-4 麦弗逊式独立悬架的结构示意图

1—螺旋弹簧；2—减振器；3—转向节；4—横摆臂；5—横向稳定杆

减振器与套在它外面的螺旋弹簧合为一体，构成悬架的弹性支柱，支柱上端与车身挠性连接，支柱下端与转向节刚性连接。横摆臂的外端通过球头销 *B* 与转向节的下部连接，内端与车身铰接。

麦弗逊式独立悬架没有传统的主销实体，转向轴线为上下铰接中心的连线 *AB*（一般与弹性支柱的轴线重合）。当车轮上下跳动时，*B* 点随横摆臂摆动，因而主销轴线 *AB* 随之摆动（弹性支柱也摆动）。这说明车轮沿着摆动的主销轴线而运动。麦弗逊式独立悬架结构较简单，布置紧凑，用于前悬架时能增大两前轮内侧的空间，故多用于发动机前置前轮驱动的轿车上。

2. 麦弗逊式独立悬架的调整

前轮采用麦弗逊式独立悬架时，前轮定位各参数的变化较小，除前束可调整外，其他参数有的车型规定不可调整，有的车型则规定可以调整。

常见的调整部位及调整方法如下：

（1）改变转向节与横摆臂外端的位置。如图 2-2-5（a）所示连接螺栓，松开转向节球头销与横摆臂的连接螺栓，左右横向移动球头销及转向节，可以改变车轮外倾角。上海桑塔纳轿车即采用这种结构形式。

（2）改变弹性支柱上支座的位置。如图 2–2–5（a）所示，悬架的弹性支柱上支座用螺栓固定在车身上，松开螺栓，左右横向移动上支座，可以调整车轮外倾角。一汽奥迪 100 型轿车即采用这种结构形式。

（3）改变转向节上端的位置。如图 2–2–5（b）所示，由减振器和螺旋弹簧组成的弹性支柱下端通过上、下两个螺栓与转向节上端固定，其中上螺栓经偏心凸轮将两者连接在一起。转动上螺栓可使偏心凸轮转动，从而带动转向节上端左右横向（*A* 向）移动，进而改变车轮外倾角。丰田花冠轿车即采用这种结构形式。

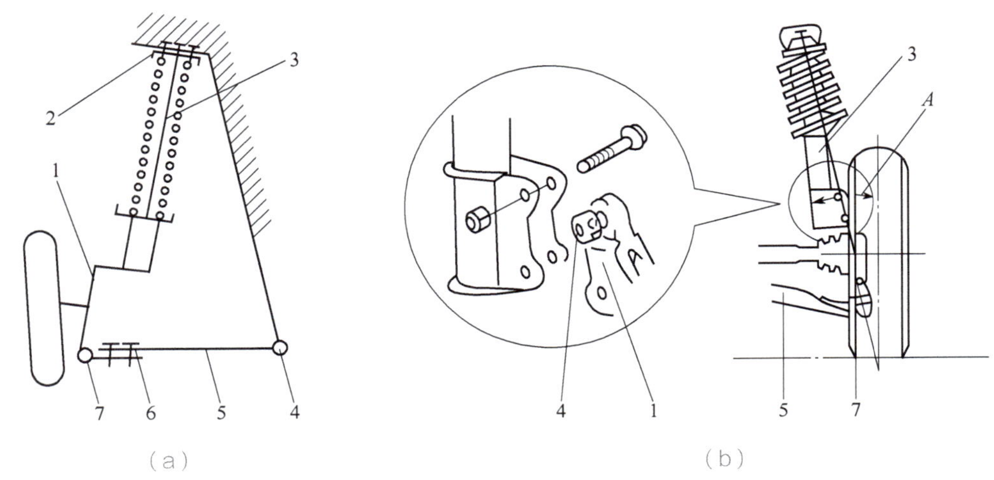

图 2–2–5　麦弗逊式独立悬架前轮定位调整示意图

1—转向节；2—上支座；3—减振器；4—偏心轴销；5—横摆臂；6—螺栓；7—球头销

五、弹性元件

汽车行驶过程中为了缓和冲击，在悬架中装有弹性元件。常见的弹性元件主要有钢板弹簧、螺旋弹簧、扭杆弹簧和气体弹簧等。

1. 钢板弹簧

钢板弹簧的作用：既有弹性元件的作用，又可起到导向和减振作用。

钢板弹簧由若干片长度不等的合金弹簧钢片叠加而成，构成一根近似等强度的弹性梁。长的片称为主片，其两端卷成卷耳，内装衬套，以便用弹簧销与固定在车架上的支架或吊耳铰链连接。各弹簧片用中心螺栓连接，并保证各片的相对位置。不同形式的钢板弹簧如图 2–2–6 所示。

2. 螺旋弹簧

螺旋弹簧广泛应用于独立悬架，有些轿车的后轮非独立悬架也采用螺旋弹簧做弹性元件。由于螺旋弹簧只能承受垂直载荷，且变形时不产生摩擦力，所以悬架中必须装有减振器和导向机构，如图 2–2–7 所示。

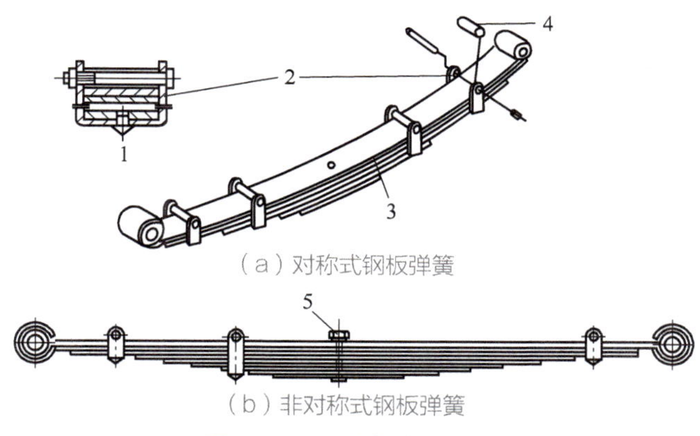

（a）对称式钢板弹簧

（b）非对称式钢板弹簧

图 2-2-6 钢板弹簧悬架

1—铆钉；2—弹簧夹；3—钢板弹簧；4—套管；5—中心螺栓

3. 扭杆弹簧

扭杆弹簧是由弹簧钢制成的杆件，如图 2-2-8 所示。扭杆的断面通常为圆形，少数为矩形或管形，其两端制成花键、方形、六角形等形状，以便一端固定在车架上，另一端固定在悬架的摆臂上。摆臂与车轮相连，当车轮跳动时，摆臂绕扭杆轴线摆动，使扭杆产生扭转弹性变形，以保证车轮与车架的弹性联系。

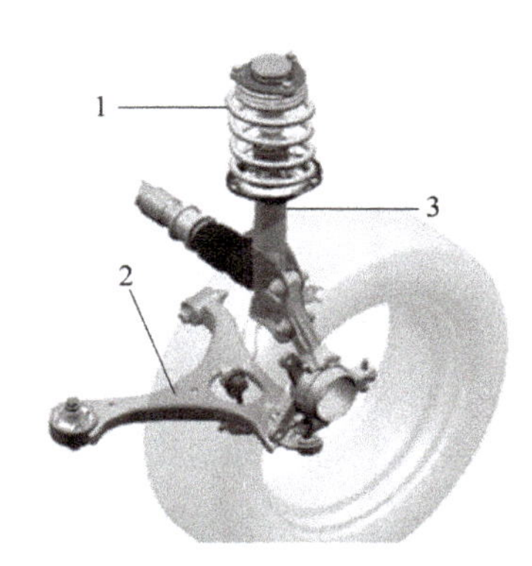

图 2-2-7 螺旋弹簧悬架

1—螺旋弹簧；2—A 字形下控制臂（下摆臂）；3—减振器

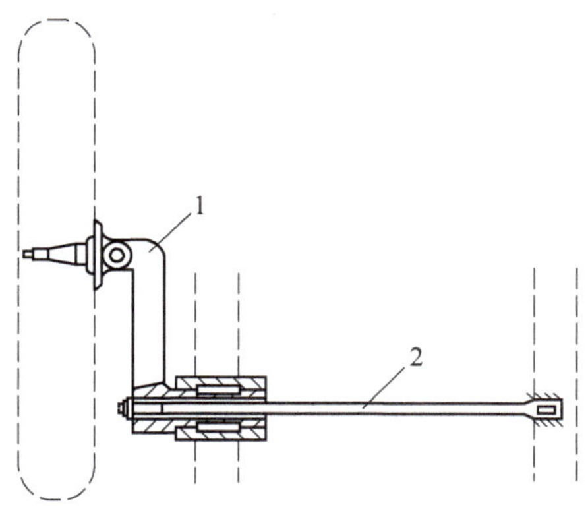

图 2-2-8 扭杆弹簧悬架

1—摆臂；2—杆

注意：

由于扭杆弹簧在制造时要使之具有一定的预应力，且左、右扭杆弹簧预应力方向是不同的，所以左、右扭杆弹簧不能互换或装错。因此，左、右扭杆上标有不同的标记。

4. 气体弹簧

气体弹簧分为空气弹簧和油气弹簧两种。空气弹簧的结构、原理都很简单，如图 2-2-9 所示。

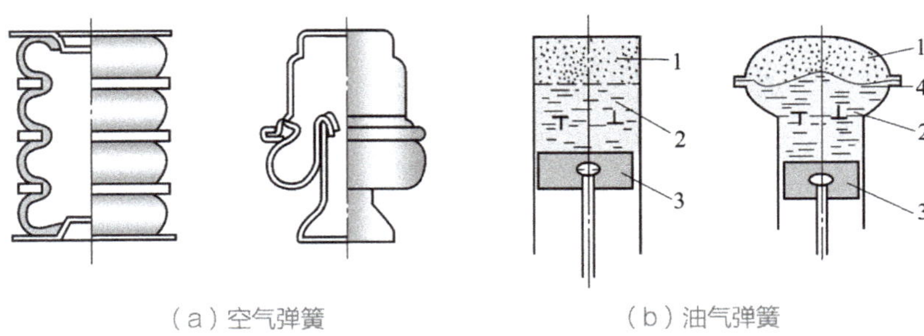

（a）空气弹簧　　（b）油气弹簧

图 2-2-9　气体弹簧

1—油；2—气体；3—活塞；4—隔膜

油气弹簧的球形室固定在工作缸上，室的内腔用橡胶油气隔膜隔开，充入高压氮气的一侧为气室，与工作缸相通并充满油液的一侧为油室。工作缸内装有活塞。

当载荷增加且车架与车桥相互靠近时，活塞上移，使工作缸内容积减小，油压升高，油液顶开阻尼阀进入球形室，推动隔膜向气室方向移动，使气室容积减少，氮气压力升高，油气弹簧的刚度增大。

当载荷减小时，在高压氮气的作用下隔膜向油室方向移动，室内油液经阻尼阀流回工作缸，推动活塞下移，这时气室容积增大，氮气压力下降，弹簧刚度减小。

当氮气压力通过油液传递作用在活塞上的力与载荷平衡时，活塞便停止移动。随着载荷的变化，气室内氮气也随之变化，相应地活塞处于工作缸中的不同位置。可见，油气弹簧具有变刚度的特性。

小知识：空气悬挂

空气悬挂的基本技术方案主要包括内部装有压缩空气的空气弹簧和阻尼可变的减振器两部分。与传统钢制汽车悬挂系统相比较，空气悬挂具有很多优势，最重要的一点就是弹簧的弹性系数也就是弹簧的软硬能根据需要自动调节。例如，高速行驶时悬挂可以变硬，以提高车身稳定性，长时间低速行驶时，控制单元会认为正在经过颠簸路面，以悬挂变软来提高减振舒适性。

任务实施

步骤 1：分小组叙述悬架的作用及组成。

步骤 2：介绍悬架的分类及特点，观察实训车辆悬架的结构，分析其所属类型是独立悬架还是非独立悬架。

步骤 3：介绍麦弗逊式独立悬架的结构及原理。观察汽车中哪种车型是麦弗逊式独立悬架，说明其特点，讨论分析其优缺点等。

步骤 4：观察实训车辆的弹性元件的安装位置及名称。找出钢板弹簧，描述其结构特点。

步骤 5：分小组找出不同车辆上分别使用钢板弹簧、螺旋弹簧、扭杆弹簧、油气弹簧的案例，观察其安装特点及结构，进行描述说明，填写表 2-2-2。

表 2-2-2 不同弹簧的数量及特点

班级、小组			姓名				学号	
悬架	□独立悬架（□ 麦弗逊式悬架）□非独立悬架							
悬架弹簧	钢板弹簧		螺旋弹簧		扭杆弹簧		油气弹簧	
车辆品牌	数量	（片数）特点	数量	特点	数量	特点	数量	特点

任务 2.2.2 减振器结构

任务要求

1. 熟悉减振器的结构组成及分类。
2. 了解减振器的工作原理。

相关知识

一、减振器作用

汽车在行驶中，车轮在垂直方向上会受到不同力的作用，悬架系统中的弹性元件受到冲击会相应产生振动。减振器是产生阻尼力的主要元件，它的功用就是迅速衰减汽车的振动，改善汽车行驶的平顺性，可以具体描述为

（1）衰减车辆振动，保持车辆行驶平顺。

（2）与悬挂弹簧匹配实现车身与车轮的弹性连接。

（3）使车轮行驶中有效着地，保证车辆行驶安全。

二、减振器分类

（1）按结构不同，减振器可分为双筒式减振器和单筒式减振器。

（2）按工作介质不同，减振器可分为液压式减振器和充气式减振器。

（3）按工作原理不同，减振器可分为双向作用式减振器和单向作用式减振器。在压缩和伸张两个行程中均能起减振作用的减振器称为双向作用式减振器，只在伸张行程中起减振作用的减振器称为单向作用式减振器。

三、减振器工作原理

1. 液压减振器的工作原理

汽车中广泛使用液压减振器，其基本原理如图 2-2-10 所示，当车架与车桥做往复相对运动时，减振器中的油液反复经过活塞上的阀孔，由于阀孔的节流作用及油液分子间的内摩擦力便形成了衰减振动的阻尼力，使振动的能量转变为热能，并由油液和减振器壳体吸收，然后散到大气中。在油液通道截面和其他因素不变时，阻尼力随车架与车桥（或车轮）之间的相对运动速度增减（与油液黏度有关）。

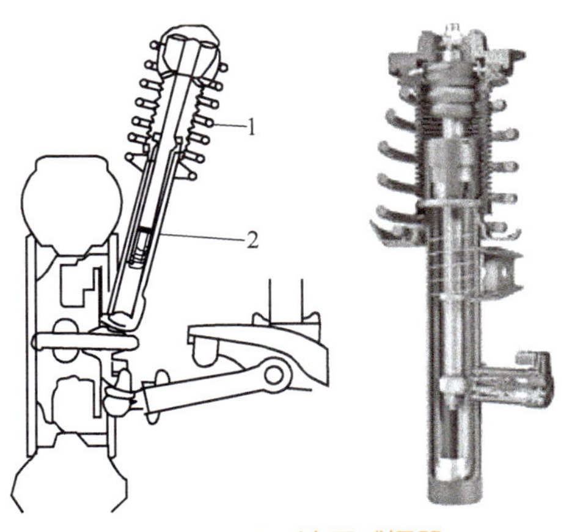

图 2-2-10 液压减振器

1—悬架；2—减振器

2. 减振器的工作原理

双向作用筒式减振器也是液压减振器，如图 2-2-11 所示。双向作用筒式减振器的工作原理可用压缩和伸张两个行程加以说明。

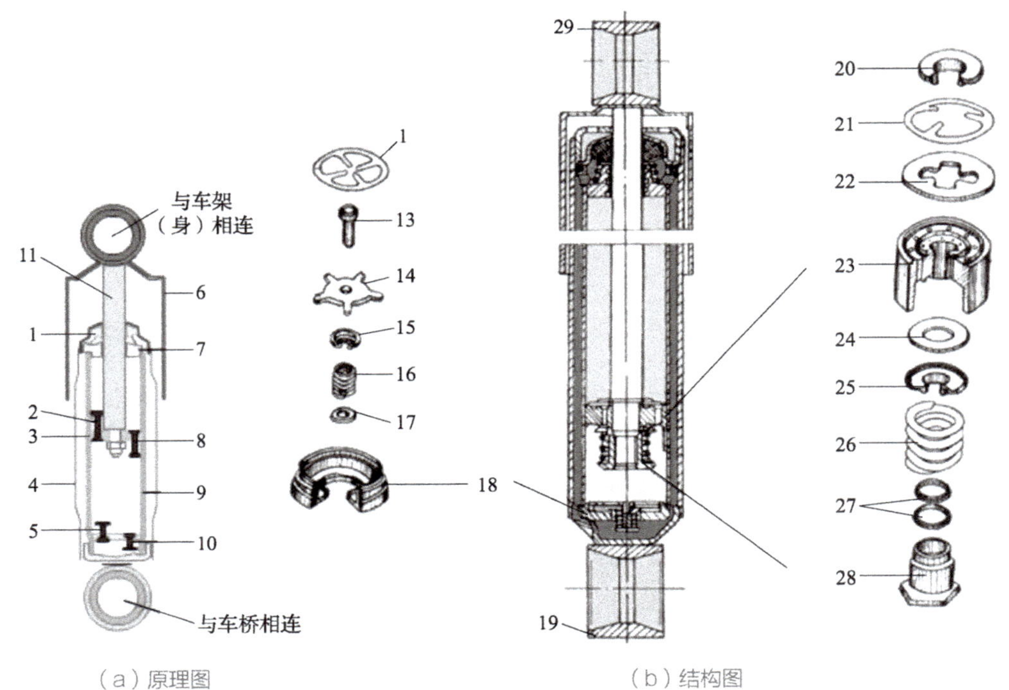

（a）原理图　　（b）结构图

图 2-2-11 双向作用式减振器

1—油封；2—伸张阀；3—活塞；4—储油缸；5—压缩阀；6—防尘罩；7—导向座；8—流通阀；9—工作缸；10—补偿阀；11—活塞杆；12—补偿阀弹簧片；13—压缩阀杆；14—补偿阀；15—压缩阀；16—压缩阀弹簧；17—压缩阀弹簧座；18—支撑座圈；19—下吊环；20—流通阀限位座；21—流通阀弹簧片；22—流通阀；23—活塞；24—伸张阀；25—支撑座圈；26—伸张阀弹簧；27—调整垫片；28—压紧螺母；29—上吊环

（1）压缩行程。当车桥移近车架（或车身）时，减振器受压缩，活塞下移，使其下方腔室容积减小，油压升高。具有一定压力的油液顶开流通阀进入活塞上方腔室。由于活塞杆占去上腔室的部分容积，使上腔室增加的容积小于下腔室减小的容积，因此，还有一部分油液不能进入上腔室而只能压开压缩阀，流回储油缸筒。油液流经上述阀孔时，受到一定的节流阻力，为克服这种阻力而消耗了振动能量，因而使振动衰减。

（2）伸张行程。当车桥相对远离车架（或车身）时，减振器受拉伸，活塞上移，使其上腔室油压升高。上腔室的油液便推开伸张阀流入下腔室。同样由于活塞杆的存在，上腔室减小的容积小于下腔室增加的容积，因而从上腔室流出来的油液不足以充满下腔室所增加的容积，使下腔室产生一定的真空度，这时储油缸筒中的油液在真空度作用下推开补偿阀流进下腔室进行补充。

从上面的原理可以得知，这种减振器在压缩、伸张两个行程都能起减振作用，因此称为双向作用减振器。

任务实施

步骤1：分小组找出汽车上不同类型的减振器，描述其特点及类型。

步骤2：分组观察减振器的组成，试着分析其工作原理。指出不同部位零件的名称，叙述其工作原理。

步骤3：观察实训车辆装配的减振器，描述其减振效果，描述换一种类型的减振器的预期效果，分析为什么采用这种类型的减振器。

步骤4：分组拆装汽车双作用液压减振器。注意场地清洁卫生，正确使用拆装工具，零件、工具放置规范。

项目小结

任务		主要内容	备注
任务2.2.1	悬架的结构	1. 悬架的功用：传递作用在车轮和车身之间的力和力矩，缓和由不平路面传给车身的冲击，并衰减由此引起的振动，以保证轿车乘坐舒适、平顺行驶。 2. 悬架的组成：弹性元件、减振器和导向机构。 弹性元件：用来承受并传递垂直载荷，缓和不平路面、紧急制动、加速和转弯等引起的冲击或车身位置的变化。 减振器：用来减轻由于弹性系统引起的振动。 导向装置：用来使车轮按一定运动轨迹相对车身运动，同时起传递力的作用。 3. 悬架分类：独立悬架和非独立悬架两种。 独立悬架分类： （1）横臂式独立悬架：单横臂式独立悬架和双横臂式独立悬架；	

续表

任务		主要内容	备注
任务 2.2.1	悬架的结构	（2）纵臂式独立悬架：单纵臂式独立悬架和双纵臂式独立悬架； （3）车轮沿主销移动的悬架：烛式独立悬架和麦弗逊式独立悬架。 4. 麦弗逊式悬架的组成：减振器、螺旋弹簧、横摆臂、横向稳定杆等。 5. 弹性元件：钢板弹簧、螺旋弹簧、扭杆弹簧和气体弹簧等	
任务 2.2.2	减振器结构	1. 减振器的作用：减振、连接车身与车轮、保持车轮着地。 2. 减振器的分类： （1）按结构不同，减振器可分为双筒式减振器和单筒式减振器； （2）按工作介质不同，减振器可分为液压式减振器和充气式减振器； （3）按工作原理不同，减振器可分为单向作用减振器和双向作用减振器	

项目评价

评价项目	评分标准	分数	学生自评	小组互评	小计
团队合作	团队分工明确，合作较好，责任心强	30			
操作过程	在学习各部件时，学习主动，积极性高，动手能力较强	40			
创新点	是否有创新、是否举一反三，发明便捷方式解决问题	10			
任务方案	清晰、合理、明确	10			
完成情况	按时完成，效果较好	10			
	总分	100			
教师评价					

职业技能鉴定指导

一、选择题

减振器的类型中按减振器介质分为（　　）。

A．摩擦式减振器　　B．充气减振器　　C．麦弗逊式减振器

二、判断题

1．汽车减振器应齐全有效，不允许有明显渗漏油现象。（　　）

2．悬架组成不包括：导向装置、弹性元件、稳定装置。（　　）

3．拆卸转向节时，不需要专用工具。（　　）

4．独立悬架与断开式车桥连用。（　　）

5．非独立悬架与整体式车桥连用。（　　）

模块3　转　向　系

汽车转向系能够保证汽车按照驾驶员的意志改变方向，是恢复汽车方向的重要系统。转向系主要包括机械转向系统和动力转向系统两大类。本模块通过介绍机械转向系统和动力转向系统的功用、组成和原理，并重点通过介绍转向系的重要总成——转向器，来了解转向系统在汽车驾驶过程中转向机构的运行状态以及在汽车底盘中的重要性。

本模块主要学习的内容是转向系的功用、分类及工作过程，以及转向器的结构原理。

项目3.1 转向系结构组成

学习目标

1. 掌握转向系统的类型、结构及工作原理；
2. 熟悉转向系统各组成部分的拆装；
3. 熟悉液压转向系的结构及工作原理。

项目导入

汽车行驶过程中，根据驾驶员的需要可以转向，如果转向的时间和大小都不太准确（与驾驶员要求比较），那会让驾驶员感到很危险，为了让我们了解保证转向的准确性的机件，本模块讨论分析转向系的结构组成。

四轮转向在20世纪80年代中期开始发展，其主要目的是提高汽车在高速行驶或在侧向风力作用时的操作稳定性，改善在低速下的操纵轻便性，以及减小在停车场停车时的转弯半径。本项目让我们了解四轮转向的功用、组成及类型。

思维导图

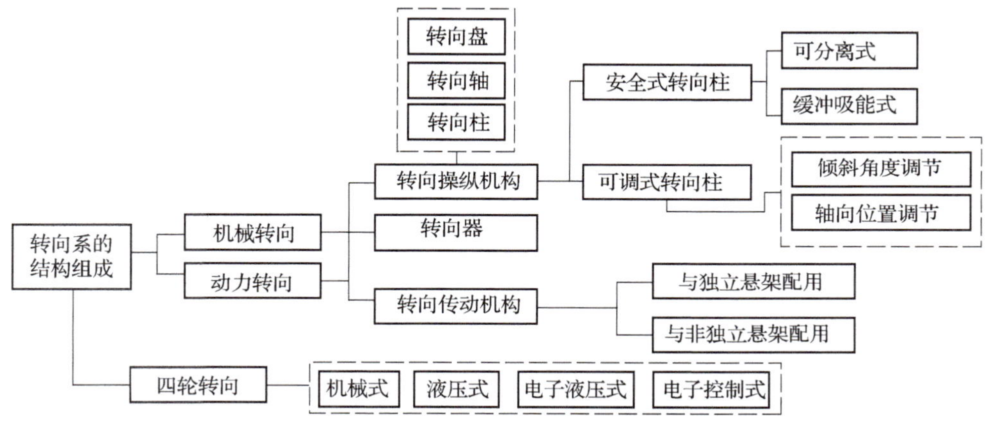

任务3.1.1 转向系结构

任务要求

1. 知道机械转向系的作用及组成。
2. 熟悉机械转向系的工作过程。
3. 知道液压转向系的结构组成及工作过程。

相关知识

一、转向系分类

汽车转向系的功用：使汽车在行驶过程中能够按驾驶员的操纵要求适时地改变

其行驶方向，并避免在受到路面传来的偶然冲击时，汽车意外地偏离行驶方向。

1. 按转向动力源分类

汽车转向系按转向动力源的不同分为机械转向系和动力转向系两大类。

机械转向系以驾驶员的体力作转向动力源。机械转向系的能量来源是人力，所有传力件都是机械的。

动力转向系最主要的动力来源是转向助力装置。根据辅助转向能源的不同，又可以分为液压式、气压式和电动式的动力转向系。

2. 按转向传动机构分类

转向传动机构的组成和布置因前悬架类型不同可分为与非独立悬架配用的转向传动机构和与独立悬架配用的转向传动机构。

（1）与非独立悬架配用的转向传动机构，如图 3-1-1 所示。

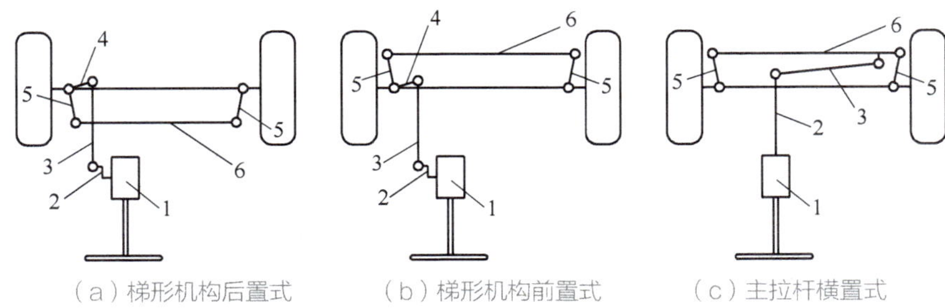

（a）梯形机构后置式　（b）梯形机构前置式　（c）主拉杆横置式

图 3-1-1 与非独立悬架配用的转向传动机构

1—转向器；2—转向摇臂；3—转向主拉杆；4—转向节臂；5—梯形臂；6—横拉杆

（2）与独立悬架配用的转向传动机构，如图 3-1-2 所示。

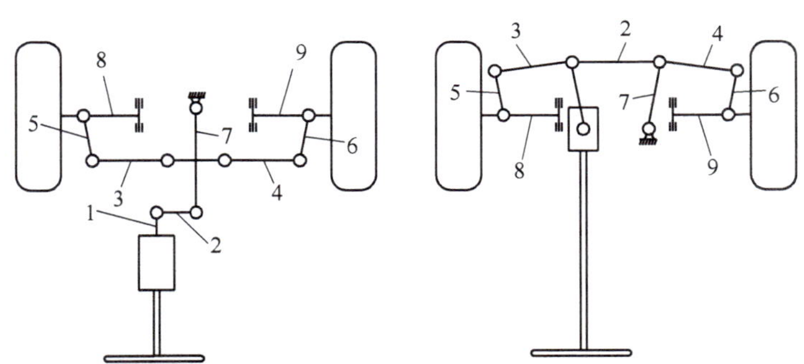

图 3-1-2 与独立悬架配用的转向传动机构

1—转向摇臂；2—转向主拉杆；3—左横拉杆；4—右横拉杆；5—左梯形臂；6—右梯形臂；7—摇杆；8—悬架左摆臂；9—悬架右摆臂

二、转向系组成

1. 机械转向系

（1）机械转向系的组成。机械转向系有转向操纵机构、转向器、转向传动机构三大部分，如图 3-1-3 所示。

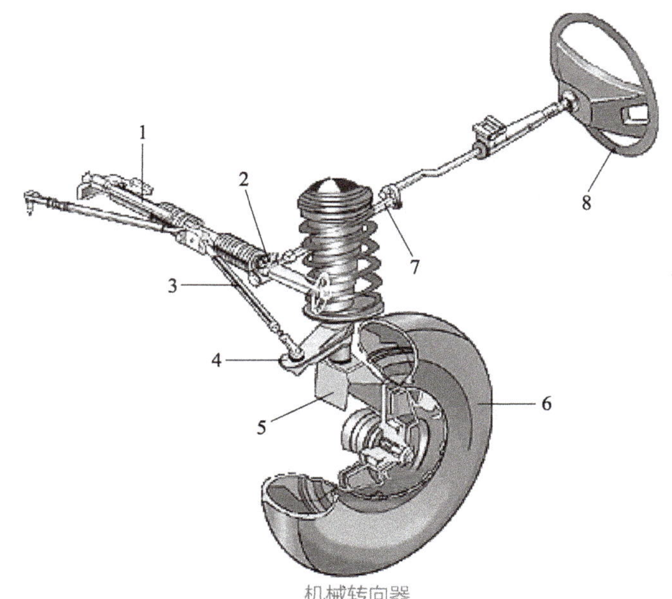

图 3-1-3　机械转向系总成

1—转向减振器；2—机械转向器；3—转向横拉杆；4—转向节臂；5—转向节；6—转向轮；7—安全转向轴；8—转向盘

转向操纵机构：转向盘、转向轴、万向节、转向传动轴。

机械转向器：多种类型，以齿轮齿条转向器为多见。

转向传动机构：转向摇（垂）臂、转向直（纵）拉杆、转向节臂、转向梯形臂、转向横拉杆。

（2）机械转向系的工作原理如图 3-1-4 所示。

转向系的力的传递：

转向盘→转向轴→机械转向器→转向摇臂→转向直拉杆→转向节臂→左转向节→左转向梯形臂→转向横拉杆→右转向梯形臂→右转向节。

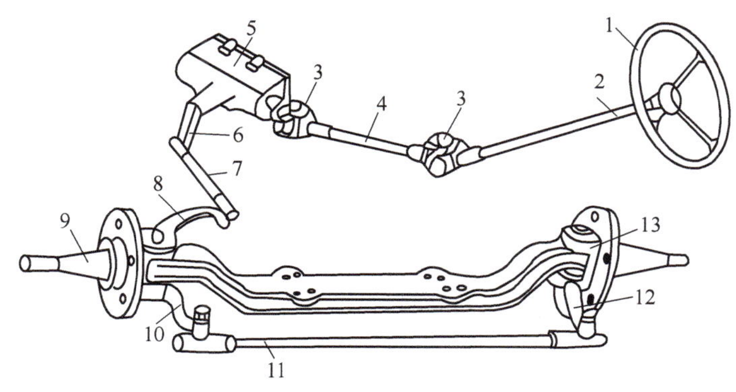

图 3-1-4　机械转向系统原理图

1—转向盘；2—转向轴；3—转向万向节；4—转向传动轴；5—转向器；6—转向摇臂；7—转向直拉杆；8—转向节臂；9—左转向节；10—梯形臂；11—转向横拉杆；12—梯形臂；13—右转向节

2. 液压动力转向系

液压动力转向系以发动机或电动机的动力作为主要转向能源，转向轻松省力。主要类型有液压助力转向和电动助力转向。液压转向系即液压动力转向系。

（1）液压转向系统的组成。液压动力转向装置的基本组成如图 3-1-5 所示，主要包括转向储油罐、转向油泵、转向控制阀、转向动力缸等。

（2）液压转向系统工作原理。其中属于转向加力装置的部件是：转向油泵、转向油管、转向油罐以及位于整体式转向器内部的转向控制阀及转向动力缸等。

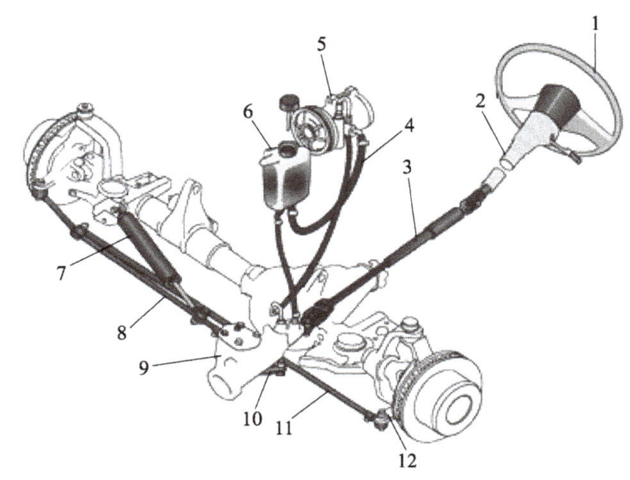

图 3-1-5　液压动力转向系统

1—转向盘；2—转向轴；3—转向中间轴；4—转向油管；5—转向油泵；6—转向油罐；7—转向减振器；8—转向直拉杆；9—整体式转向器；10—转向摇臂；11—转向横拉杆；12—转向节臂

当驾驶员转动转向盘时，转向摇臂摆动，通过转向直拉杆、转向横拉杆和转向节臂，使转向轮偏转，从而改变汽车的行驶方向。与此同时，转向器输入轴还带动转向器内部的转向控制阀转动，使转向动力缸产生液压作用力，帮助驾驶员转向操纵。这样，为了克服地面作用于转向轮上的转向阻力矩，驾驶员需要加于转向盘上的转向力矩，比用机械转向系时所需的转向力矩小得多。

三、转向系参数

1. 转向系角传动比

（1）定义：转向盘转角与同侧转向轮偏转角的比值。即转向盘的转角与安装在转向盘同侧的转向轮偏转角的比值，称为转向系角传动比。

（2）要求：太大，转向轻便，但转向灵敏性差；太小，转向沉重；所以转向系角传动比要合适。

2. 转向时车轮的运动规律

汽车转向时，内侧车轮和外侧车轮滚过的距离是不等的。对于一般汽车而言，后桥左右两侧的驱动轮由于差速器的作用，能够以不同的转速滚过不同的距离。但前桥左右两侧的转向轮要滚过不同的距离，必然要引起车轮沿路面边滚动边滑动，致使转向时的行驶阻力增大，轮胎磨损增加。为避免这种现象，要求转向系能保证在汽车转向时，所有车轮均做纯滚动。显然，这只有在转向时，所有车轮的轴线都交于一点方能实现。如图 3-1-6 所示。

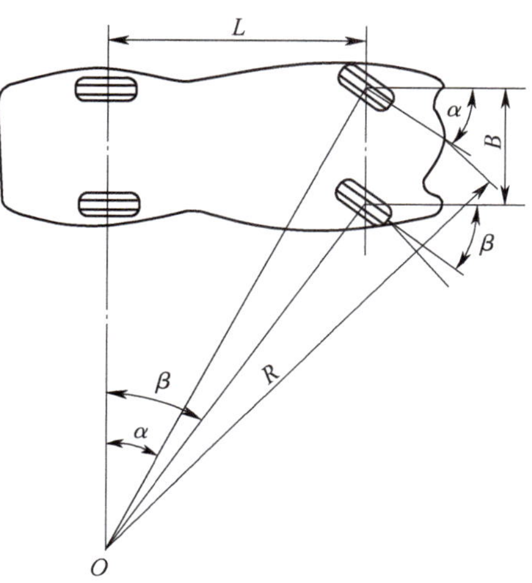

图 3-1-6 转向车轮运动图示

3. 转向盘自由行程

（1）定义：转向盘在空转阶段的角行程，这主要是由于转向系各传动件之间的装配间隙和弹性形变所引起的。

（2）要求：转向盘自由行程 <10°，太大太小都不行，如桑塔纳 2000 为 7.7° 或 10~15 mm。

（3）检查：使汽车前轮处于直线行驶状态，用指尖向左、向右侧轻轻推动转向盘，在转向盘外圆周上测量手感变重时（即轮胎开始转动）的自由行程。如该值在规定值之内，说明状况正常，否则需要调整。不同的转向器，调整的方法不同。

小知识：电动助力转向

电动助力转向系统（Electric Power Steering，EPS）是一种直接依靠电动机提供辅助扭矩的动力转向系统，与传统的液压助力转向系统（Hydraulic Power Steering，HPS）相比，EPS具有很多优点。EPS主要由扭矩传感器、车速传感器、电动机、减速机构和电子控制单元（ECU）等组成。

任务实施

步骤 1：分组叙述机械转向系统的作用、结构组成，介绍液压动力转向系统的结构及工作原理。

步骤 2：根据实训车辆，分析转向系的结构，说明转向过程中，动力传递经过的零件及其名称。讨论分析可能出现的故障或转不过去的可能原因。

步骤 3：讨论分析液压动力转向系统，液压助力的原因（工作原理），分析液压动力来源，以及有可能出现的故障现象。

步骤 4：分组叙述转向系参数：角传动比、车轮转向运动规律及转向盘的自由行程。讨论分析各参数的大小对转向的影响。

步骤 5：分组感觉不同车辆转向盘的轻便性，讨论分析原因。

任务3.1.2　转向操纵机构

任务要求

1. 知道转向操纵机构的组成及功用。
2. 熟悉转向操纵机构的零件结构及特点。
3. 熟悉转向操纵机构的分类及特点。

相关知识

一、转向操纵机构功用

转向操纵机构的功用：产生转动转向器所必需的操纵力，并具有一定的调节和安全性能。

转向操纵机构要将驾驶员操纵转向盘的力传给转向器，同时为了驾驶员驾驶舒适，还要求转向操纵机构可以进行调节，以满足不同驾驶员的需求。为了防止车辆撞击后对驾驶员的损伤，还要求转向操纵机构具有一定的安全保护装置。

转向操纵机构的组成：由转向盘、转向轴、转向柱管和转向万向节组成。转向轴和转向柱管统称为转向柱。

分类：安全式转向柱、可调节式转向柱。

安全式转向柱有可分离式安全操纵机构和缓冲吸能式转向操纵机构两种。

缓冲吸能式转向操纵机构有网状管柱变形式转向操纵机构、钢球滚压变形式转向管柱、波纹管变形吸能式转向管柱。

可调节式转向柱可以对转向盘的操纵位置进行调节以达到最佳状态。

二、可分离式安全转向操纵机构

上海桑塔纳轿车采用了可分离式安全转向操纵机构，如图 3-1-7 所示。

图 3-1-7（a）所示为转向操纵机构的正常工作位置。此类转向操纵机构的转向轴分为上下两段，两段用安全联轴节连接，上转向轴 2 下部弯曲并在端面上焊接有半月形凸缘盘 8，盘上装有两个驱动销 7，与下转向轴 1 上端凸缘 6 压装有尼龙衬套和橡胶圈的孔相配合，形成安全联轴节。一旦发生撞车事故，驾驶员因惯性而以胸部扑向转向盘 5 时，迫使转向柱管 3 压缩位于转向柱上方的安全元件 4 而向下移动，使两个驱动销 7 迅速从下转向轴凸缘 6 的孔中退出，从而形成缓冲来减少对驾驶员的伤害。

图 3-1-7（b）为转向盘受撞击时，安全元件被折叠、压缩和安全联轴节脱开使转向柱产生轴向移动的情形。

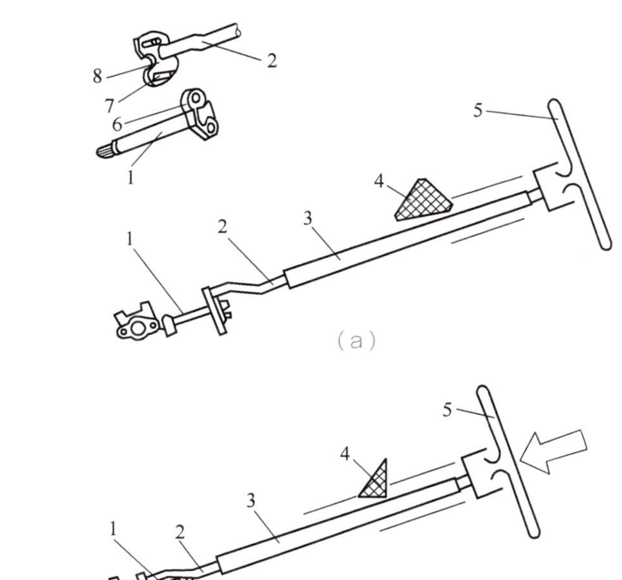

图 3-1-7 上海桑塔纳轿车的可分离式安全转向操纵机构

1—下转向轴；2—上转向轴；3—转向柱管；4—可折叠安全元件；5—转向盘；6—凸缘；7—驱动销；8—半月形凸缘盘

三、缓冲吸能式转向操纵机构

缓冲吸能式转向操纵机构从结构上能使转向轴和转向管柱在受到冲击后，轴向收缩并吸收冲击能量，从而可以有效地缓和转向盘对驾驶员的冲击，减轻其所受伤害的程度。

1. 网状管柱变形式转向操纵机构

这种转向操纵机构的转向轴分为上下两段，如图 3-1-8（a）所示。上转向轴 2 套装在下转向轴 3 的内孔中，两者通过塑料销 1 结合在一起（也有采用细花键结合的），以传递转向力矩。塑料销在受到冲击时被剪断，因此，它起安全销的作用。这种转向操纵机构的转向管柱 6 的部分管壁制成网格状，使其在受到压缩时很容易产生轴向变形，并消耗一定的变形能量，如图 3-1-8（b）所示。另外，车身上固定管柱的上托架 8 也是通过两个塑料安全销 7 与管柱连接的。当这两个安全销被剪断后，整个管柱就能前后自由移动。

2. 钢球滚压变形式转向管柱

图 3-1-9 所示为一种用钢球连接的分开式转向柱。转向轴分为上转向轴和套在轴上的下转向轴两部分，两者用塑料销钉连成一体。转向柱管也分为上柱管和下柱管两部分，上、下柱管之间装有钢球，下柱管的外径与上柱管的内径之间的间隙比钢球直径稍小。上、下柱管连同柱管托架通过特制橡胶垫固定在车身上，橡胶垫则

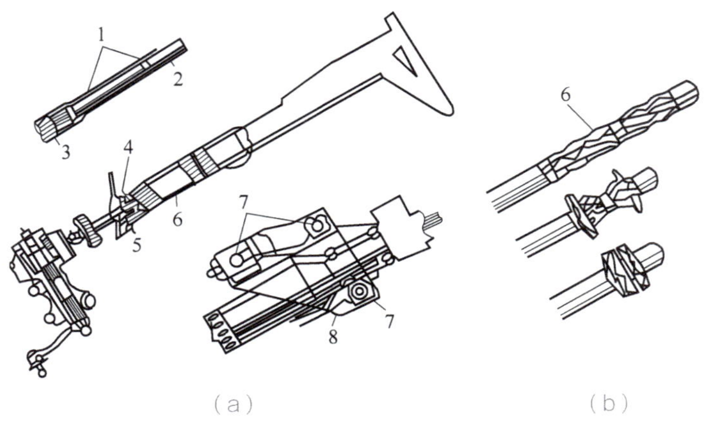

图 3-1-8 网状管柱变形式转向操纵机构

1—塑料销；2—上转向轴；3—下转向轴；4—凸缘盘；5—下托架；6—转向管柱；7—塑料安全销；8—上托架

利用塑料销钉与托架连接。当发生碰撞时，连接上、下转向轴的塑料销钉被切断，下转向轴便套在上转向轴上向上滑动，避免转向盘上移使驾驶员受到伤害。连接橡胶垫与柱管托架的塑料销钉被切断，托架脱离橡胶垫，即上转向轴和上转向柱管连同转向盘、托架一起，相对于下转向轴和下转向柱管向下滑动，从而减缓了对驾驶员胸部的冲击。上、下转向柱管之间产生相对滑动对钢球的挤压，使冲击能量在挤压的过程中被吸收。

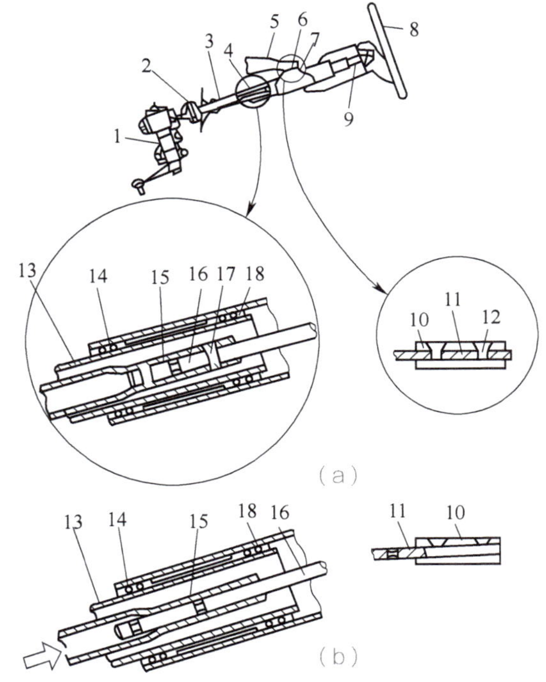

图 3-1-9 钢球滚压变形式转向管柱

1—转向器总成；2—挠性联轴节；3、13—下转向柱管；4、14—上转向柱管；5—车身；6、10—橡胶垫；7、11—转向柱管托架；8—转向盘；9、16—上转向轴；12、17—塑料销钉；15—下转向轴；18—钢球

3. 波纹管变形吸能式转向管柱

如图 3-1-10 所示，波纹管变形吸能式转向操纵机构的转向轴和转向管柱都分成两段，上转向轴 3 和下转向轴 1 之间通过细齿花键 5 结合并传递转向力矩，同时它们两者之间可以做轴向伸缩滑动。在下转向轴 1 的外边装有波纹管 6，它在受到冲击时能轴向收缩变形并消耗冲击能量。下转向柱管 7 的上端套在上转向柱管里面，但两者不直接连接，而是通过柱管压圈和限位块 2 分别对它们进行定位。当汽车撞车时，下转向柱管 7 向上移动，在碰撞力的作用下限位块 2 首先被剪断并消耗能量，同时转向柱管和转向轴都做轴向收缩。上转向轴 3 下移，压缩波纹管 6，使之收缩变形并消耗冲击能量。

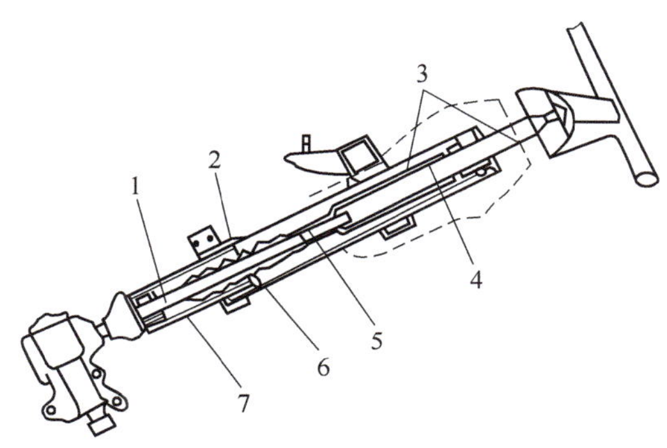

图 3-1-10 波纹管变形吸能式转向操纵机构

1—下转向轴；2—限位块；3—上转向轴；4—上转向管柱；5—细齿花键；6—波纹管；7—下转向柱管

四、可调节式转向柱

驾驶员不同的驾驶姿势和身材对转向盘的最佳操纵位置有不同的要求。为此，一些汽车装设了可调节式转向柱，使驾驶员可以在一定的范围内调节转向盘的位置。

转向柱调节的形式分为倾斜角度调节和轴向位置调节两种。

图 3-1-11 所示为转向轴倾斜角度调整机构。转向柱管 2 的上段和下段分别通过倾斜调整支架 7 和下托架 6 与车身相连。倾斜调整用锁紧螺栓 5 穿过倾斜调整支架 7 上的长孔 3 和转向柱管，螺栓的左端为左旋螺纹，调整手柄 4 即拧在该螺纹上。当向下扳动手柄时，锁紧螺栓的螺纹放松，转向柱管即可以下托架上的枢轴 1 为中心在装有螺栓的支架长孔范围内上下。

图 3-1-12 所示为一种转向轴伸缩机构。转向轴分为上、下两段，两者通过花键连接。上转向轴 2 由调节螺栓 4 通过楔状限位块 5 夹紧定位，调节螺栓的一端拧有调节手柄 3。当需要调整转向轴的轴向位置时，先向下推调节手柄 3，使限位块松开，再轴向移动转向盘，调到合适的位置后，向上拉调节手柄，将上转向轴锁紧定位。

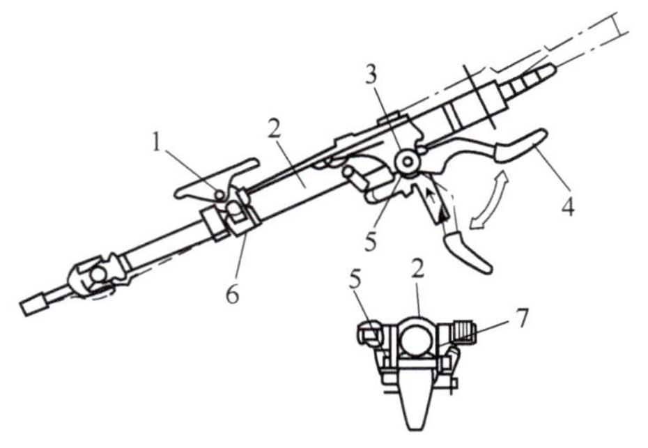

图 3-1-11　转向轴倾斜角度调整机构

1—枢轴；2—转向柱管；3—长孔；4—调整手柄；5—锁紧螺栓；6—下托架；7—倾斜调整支架

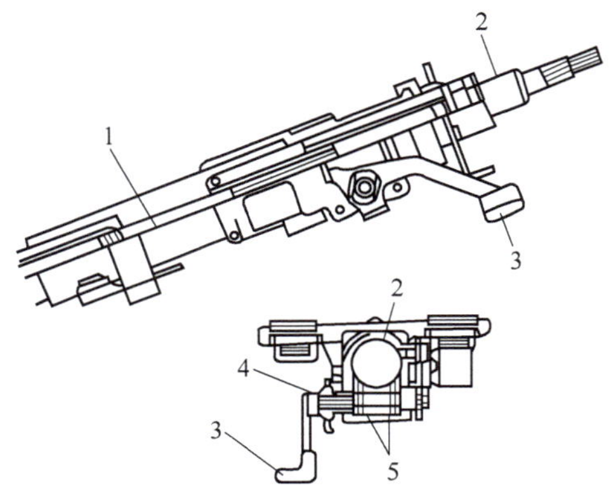

图 3-1-12　转向轴伸缩机构

1—下转向轴；2—上转向轴；3—调节手柄；4—调节螺栓；5—楔状限位块

任务实施

步骤 1：分组查找转向操纵机构的类型，分别分析其结构及特点。

步骤 2：观察实训车辆的转向操纵机构的类型及结构，讨论分析其特点，说出其各部分零件的名称。

步骤 3：分组分别对不同结构的转向柱进行功能调节，叙述其工作原理。

步骤 4：分组观察不同车型的转向操纵机构的特点，讨论其结构形式。

任务3.1.3　转向传动机构

任务要求

1. 知道转向传动机构的组成及功用。

2. 熟悉转向传动机构的零件结构及特点。
3. 熟悉转向传动机构的分类及特点。

相关知识

一、转向传动机构的功用

转向传动机构的功用是将转向器输出的力和运动传给转向轮，使两侧转向轮偏转以实现汽车转向，并保证左、右转向轮的偏转角按一定关系变化。

二、转向传动机构的组成

1. 与非独立悬架配用的转向传动机构

与非独立悬架配用的转向传动机构如图 3-1-13 所示，它一般由转向摇臂 2、转向直拉杆 3、转向节臂 4、两个转向梯形臂 5 和转向横拉杆 6 等组成。

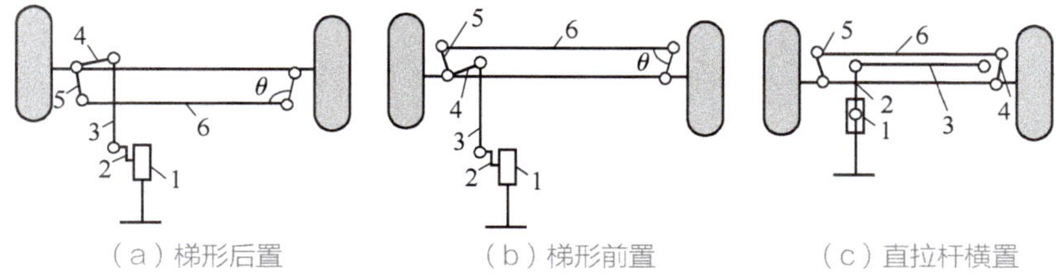

图 3-1-13 与非独立悬架配用的转向传动机构示意图

1—转向器；2—转向摇臂；3—转向直拉杆；4—转向节臂；5—转向梯形臂；6—转向横拉杆

各杆件之间都采用球形铰链连接，并设有防止松动、缓冲吸振和自动消除磨损后的间隙等结构。当前桥仅为转向桥时，由左、右转向梯形臂 5、转向横拉杆 6 和前轴组成的转向梯形一般布置在前桥之后，如图 3-1-13（a）所示，称为后置式。

当发动机位置较低或前桥为转向驱动桥时，往往将转向梯形布置在前桥之前，如图 3-1-13（b）所示，称为前置式。

若转向摇臂 2 不是在汽车纵向平面内前后摆动，而是在与路面平行的平面内左右摆动，则可将转向直拉杆 3 横向布置，并借由球头销直接带动转向横拉杆 6，从而推动左、右转向梯形臂 5 转动，如图 3-1-13（c）所示，称为横置式。

（1）转向摇臂。如图 3-1-14 所示为常见转向摇臂的结构形式，其大端具有三角细花键锥形孔，用于与转向摇臂轴外端相连接，并用螺母固定其小端带有球头销，以便与转向直拉杆做空间铰链连接。转向摇臂安装后从中间位置向两边摆动的角度应大致相等，故在把转向摇臂安装到摇臂轴上时，两者相应的角度位置应正确。为此，常在摇臂大孔外端面上和摇臂轴的外端面上各刻有短线，或是在两者的花键部分上都少铣一个齿作为装配标记。装配时应将标记对齐。

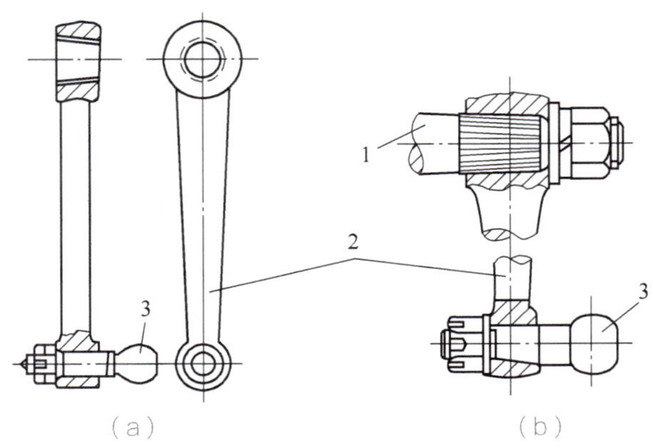

图 3-1-14　转向摇臂

1—转向摇臂轴；2—转向摇臂；3—球头销

（2）转向直拉杆。图 3-1-15 所示为解放 CA1092 型汽车的转向直拉杆。直拉杆体由两端扩大的钢管制成，在扩大的端部里，装有由球头销、球头座、弹簧座、压缩弹簧和螺塞等组成的球铰链。球头销的锥形部分与转向摇臂连接，并用螺母固定其球头部分的两侧与两个球头座配合，前球头座靠在端部螺塞上，后球头座在弹簧的作用下压靠在球头上，这样，两个球头座就将球头紧紧夹持住。为保证球头与座的润滑，可从油嘴注入润滑脂。拆装时供球头出入的直拉杆体上的孔口用油封垫的护套盖住，以防止润滑脂流出和污物侵入。压缩弹簧能自动消除因球头与座磨损而产生的间隙，弹簧座的小端与球头座之间留有不大的间隙，作为弹簧缓冲的余地，并可限制缓冲时弹簧的压缩量（防止弹簧过载）。此外，当弹簧折断时此间隙可保证球头销不致从管孔中脱出。端部螺塞可以调整此间隙，调整间隙的同时也调整了前弹簧的预紧度，调好后用开口销固定螺塞的位置，以防松动。

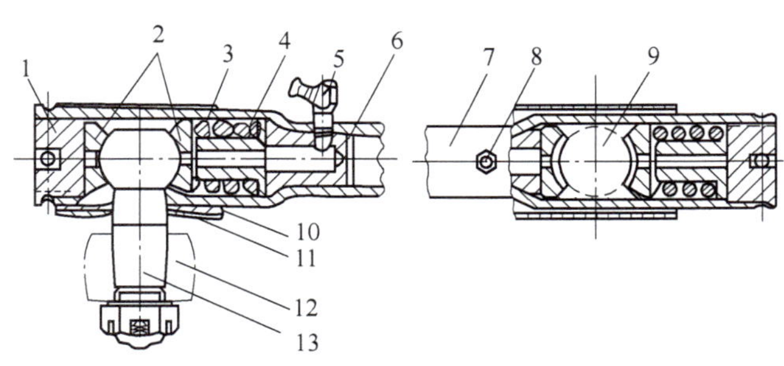

图 3-1-15　解放 CA1092 型汽车的转向直拉杆

1—端部螺塞；2—球头座；3—压缩弹簧；4—弹簧座；5、8—油嘴；6—座塞；7—直拉杆体；9—转向节臂球头销；10—油封垫；11—油封垫护套；12—转向摇臂；13—球头销

（3）转向横拉杆。图 3-1-16（a）所示为解放 CA1092 型汽车的转向横拉杆。横拉杆体用钢管制成，其两端切有螺纹，一端为右旋，一端为左旋，与横拉杆接头旋装连接。两端接头结构相同，如图 3-1-16（b）所示。接头的螺纹孔壁上开有轴向切

口，故具有弹性，旋装到杆体上后可用螺栓夹紧。旋松夹紧螺栓以后，转动横拉杆体，可改变转向横拉杆的总长度，从而调整转向轮前束。在横拉杆两端的接头上都装有由球头销等零件组成的球形铰链。球头销的球头部分被夹在一上、下球头座内，球头座用聚甲醛制成，有较好的耐磨性。球头座的形状如图 3-1-16（c）所示。装配时上、下球头座凹凸部分互相嵌合。弹簧通过弹簧座压向球头座，以保证两球头座与球头的紧密接触，在球头和球头座磨损时能自动消除间隙，同时还起缓冲作用。弹簧的预紧力由螺塞调整。球铰上部有防尘罩，以防止尘土侵入。球头销的尾部锥形柱与转向梯形臂连接，并用螺母固定、开口销锁紧。

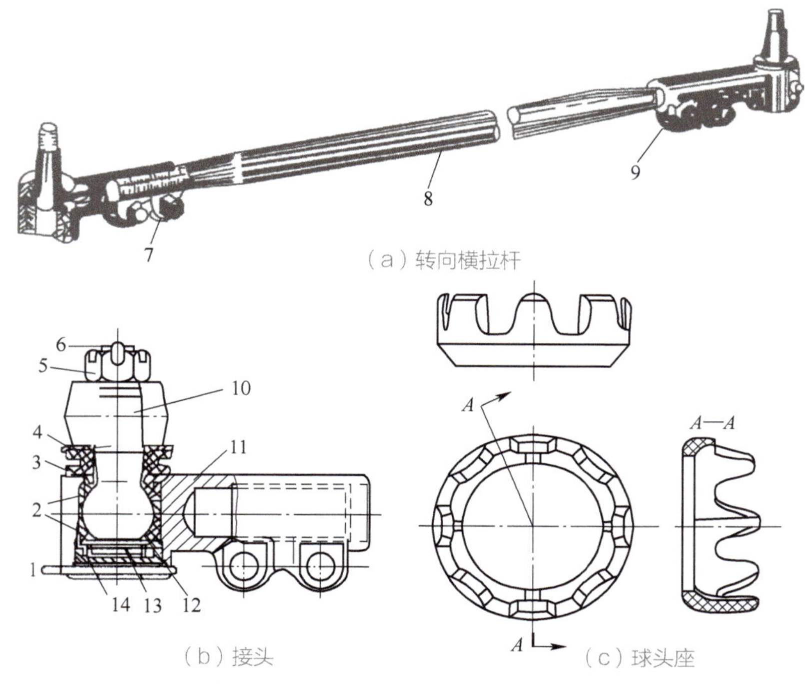

（a）转向横拉杆

（b）接头　　（c）球头座

图 3-1-16　解放 CA1092 型汽车的转向横拉杆

1—限位销；2—球头座；3—防尘罩；4—防尘垫；5—螺母；6—开口销；7—夹紧螺栓；8—横拉杆体；9、11—横拉杆接头；10 —球头销；12—弹簧座；13—弹簧；14—螺塞

（4）转向节臂和梯形臂。解放 CA1092 型汽车的转向节臂和梯形臂如图 3-1-17 所示。转向横拉杆通过转向节臂与转向节相连，转向横拉杆两端经左、右梯形臂与转向节相连。转向节臂和梯形臂带锥形柱的一端与转向节上的锥形孔相配合，用键防止螺母松动。臂的另一端带有锥形孔，与相应的拉杆球头销锥形柱相配合，同样用螺母紧固后插入开口销锁住。

2. 与独立悬架配用的转向传动机构

当转向轮采用独立悬架时，由于每个转向轮都需要相对于车架（或车身）做独立运动，所以转向桥必须是断开式的。与此同时，转向传动机构中的转向梯形也必须分成两段或三段。图 3-1-18 所示为几种与独立悬架配用的转向传动机构示意图。其中图 3-1-18（a）、（b）所示的机构与循环球式转向器配用，图 3-1-18（c）、（d）所示的机构与齿轮齿条式转向器配用。

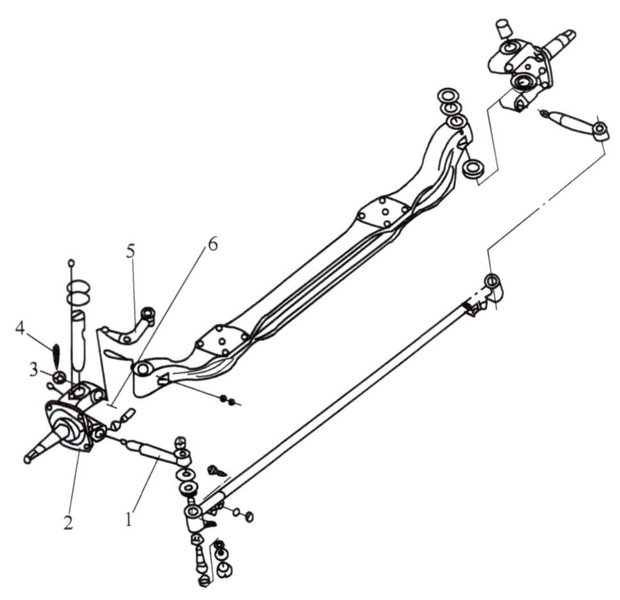

图 3-1-17　解放 CA1092 型汽车的转向节臂和梯形臂

1—左转向梯形臂；2—转向节；3—锁紧螺母；4—开口销；5—转向节臂；6—键

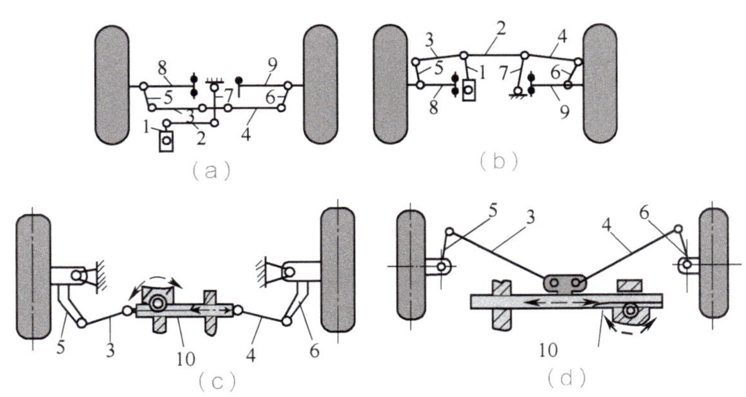

图 3-1-18　与独立悬架配用的转向传动机构示意图

1—转向摇臂；2—转向直拉杆；3—左转向横拉杆；4—右转向横拉杆；5—左梯形臂；6—右梯形臂；7—摇杆；8—悬架左摆臂；9—悬架右摆臂；10—齿轮齿条式转向器

上海桑塔纳轿车的转向传动机构如图 3-1-19 所示。转向传动机构由转向节臂 5、转向节 7、左右横拉杆 4、转向减振器 3 等组成，横拉杆外端的球头销分别与左、右转向节臂连接。驾驶员对转向盘 1 施加的转向力矩通过安全转向柱 8 输入转向器 2，通过转向器内的转向齿条一端输出动力，带动左、右横拉杆 4，再传给固定于转向节 7 上的转向节臂 5，使转向节和它所支撑的转向轮偏转，从而改变了汽车的行驶方向。

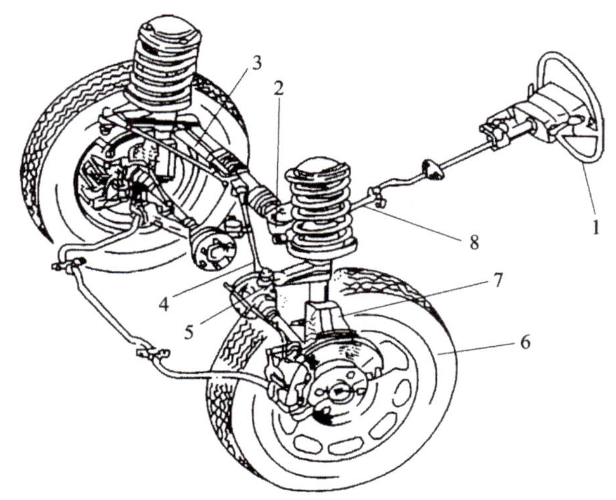

图 3-1-19 上海桑塔纳轿车的转向传动机构

1—转向盘；2—转向器；3—转向减振器；4—左、右横拉杆；5—转向节臂；6—车轮；7—转向节；8—安全转向柱

为了避免转向轮的摆振、减缓传至转向盘上的冲击和振动，转向器上装有转向减振器 3。

任务实施

步骤 1：分组查找转向传动机构的类型，分别分析其结构及特点。

步骤 2：观察实训车辆的转向传动机构的类型及结构，讨论分析其特点，说出其各部分零件的名称。

步骤 3：分组分别对不同结构的转向传动机构（转向摇臂、转向直拉杆、左转向横拉杆、右转向横拉杆等）零件进行结构分析，叙述其安装位置。

步骤 4：分组观察不同车型的转向传动机构的特点，讨论其结构形式。

任务3.1.4 拆装转向机构

任务要求

1. 知道转向机构总成的拆装流程。
2. 能进行转向机构的拆装。

相关知识

一、转向操纵机构的拆卸

转向柱上装有一套组合开关，包括点火开关、前风挡玻璃刮水器及洗涤器开关、转向灯开关及远近光变光开关，因此在拆卸前必须将蓄电池电源线断开，将转向指示灯开关放在中间位置，并使车轮处在直线行驶位置。

拆卸步骤如下：

（1）向下按胶皮边缘，撬出大盖板。

（2）取下电喇叭按钮盖板，拆卸电喇叭按钮及有关接线。

（3）拆下转向盘与转向柱紧固螺母，用拉器将方向盘取下。

（4）拆下组合开关上的3个平口螺栓，取下开关。

（5）拆下转向柱套管的两个螺钉，拆下套管。

（6）将转向柱上段往下压，使上段端部凸缘上的两个驱动销脱离转向柱下段，取出转向柱上段。

（7）取下转向柱管橡胶圈，松开夹紧箍的紧固螺栓，拆下转向柱下段。

（8）用水泵钳旋转卸下弹簧垫圈，卸下左边的内六角螺栓，旋出右边的开口螺栓，拆下方向盘锁套。

二、转向操纵机构的装配

转向操纵机构的装配应按拆卸的相反顺序进行，但同时应注意以下几点：

（1）转向柱与凸缘管应一起安装，并用水泵钳连接起来。

（2）应将凸缘管推至转向器机构主动齿轮上，夹紧箍圈口应向外，注意不可用扳手开夹箍。

（3）转向主管的断开螺栓装配时，应将螺栓拧紧至螺栓头断开为止，然后拧紧圆柱螺栓。

（4）车轮应处于直线行驶位置，转向灯开关应处在中间位置，才可安装方向盘，否则在安装方向盘时，当分离爪齿通过接触环上的簧片时，有可能造成损坏。

（5）应更换所有的自锁螺母和螺栓，转向柱如有损坏，不能通过焊接修理。

（6）拆卸转向操纵机构后，应检查转向柱有无弯曲，安全联轴节有无磨损或损坏，弹簧弹性是否失效，如有，则应修理或更换新件。

三、转向传动机构的拆装

1. 转向纵拉杆的拆卸

拆卸步骤：

（1）拆下纵拉杆球头销螺母上的开口销，拧下螺母，卸下纵拉杆总成。

（2）把纵拉杆固定在台虎钳上，用钳子剥下开口销。

（3）拆下护套及油封垫。

（4）用专用工具旋出螺塞，依次取出球头座、球头销、弹簧和弹簧座。纵拉杆另一端的拆卸方法相同。

（5）拆下纵拉杆滑脂嘴。

2. 转向横拉杆总成的拆卸

拆卸步骤：

（1）拆下横拉杆球头销螺母的开口销，拧下螺母，用顶拔器拆下横拉杆总成。

（2）把转向横拉杆固定在台虎钳上，拆下开口销。

（3）拆下油封盖、密封圈和密封罩。

（4）用专用工具旋出螺塞，依次取出弹簧、弹簧座、下球头座、球头销（上球头座不损坏可不拆）。

（5）松开横拉杆接头的紧固螺栓，拧出接头。横拉杆另一端的拆卸方法相同。

3. 转向纵拉杆总成的装复

拆装步骤：

（1）将弹簧座、弹簧和球头座依次装入纵拉杆端头的承孔。

（2）将球头销的球头涂以润滑脂，从纵拉杆侧面的大孔中装入。

（3）从纵拉杆的端头放入球头座，拧入螺塞。拧紧时先将螺塞拧到底，再退回1/5~1/2圈，然后用开口销锁住调整螺塞。

（4）装上油封垫和护套。

（5）纵拉杆另一端的装配顺序：先将球头座从纵拉杆端头孔装入，再装入球头，然后依次装入球头座、弹簧、弹簧座，拧下螺塞。

4. 转向横拉杆总成的装复

转向横拉杆总成的结构如图3-1-20所示，其拆装步骤如下：

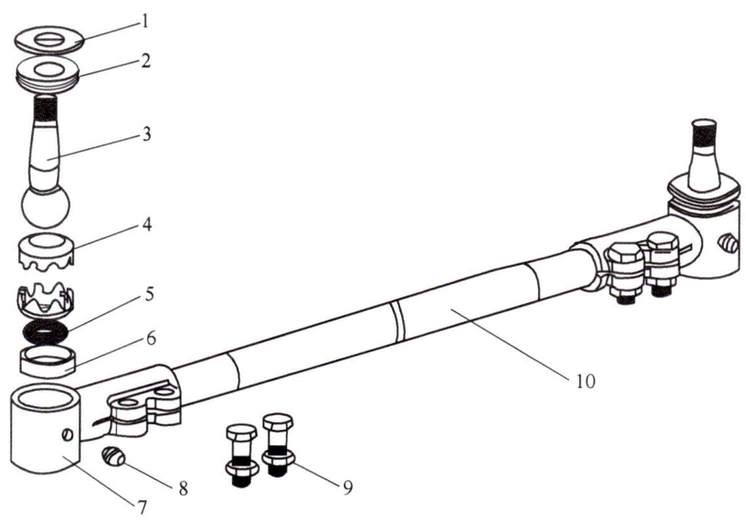

图3-1-20 横拉杆总成

1—防尘垫座；2—防尘罩；3—球头销；4—球头座；5—弹簧；6—螺塞；7—横拉杆接头；8—油嘴；9—夹紧螺栓；10—横拉杆

（1）将横拉杆球头夹在台虎钳上，先装球头座。

（2）将球头销涂以润滑脂，使球头销穿过上球头座中心孔后落坐球头座。再依次装上下球头座、弹簧座、弹簧，拧上螺塞。拧紧时螺塞拧到底后退回 1/5~1/2 圈，然后锁好开口销。要求球头销转动灵活。

（3）在球头销端装入油封、油封罩和油封盖。

（4）用同样的方法装复另一端的横拉杆球头总成。

（5）将横拉杆夹在台虎钳上，分别将左、右横拉杆球头装到横拉杆的两端，并拧紧左、右横拉杆球头的 4 个螺栓。

任务实施

步骤 1：分组找出转向操纵机构各零部件，说出名称。

步骤 2：分组叙述转向操纵机构、传动机构的拆装步骤及注意事项。

步骤 3：分组用专用工具练习拆装转向操纵机构，分组进行转向传动机构的拆装与调整。注意按要求使用拆装工具，摆放零件及工具整齐有序。

步骤 4：分析拆装遇到的问题，纠正拆装产生的错误。

步骤 5：保持场地清洁、卫生。

任务3.1.5 四轮转向系统

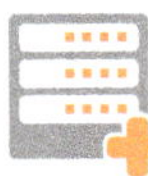

任务要求

1. 掌握四轮转向系统的功用。
2. 掌握四轮转向系统的结构和类型。
3. 了解四轮转向系统的工作过程。

相关知识

一、四轮转向方式

四轮转向系统的功用是确保车辆良好的操纵性和稳定性，即有效控制车辆的横向运动特性，以充分保证车辆的操纵稳定性。四轮转向除了传统的以前轮为转向轮外，后两轮也是转向轮，即四轮转向。

四轮转向主要有两种方式，即同向位转向和逆向位转向。

当后轮转向与前轮转向方向相同时称为同向位转向；当后轮转向与前轮转向方向相反时称为逆向位转向。

二、四轮转向系统的优点

（1）在转向时能够基本保持车辆质心侧偏角为零，且能够改善汽车对转向盘输入的动态响应特性，在一定程度上改善了横摆角速度和侧向加速度的瞬态响应性能指标，明显改善了车辆高速行驶的稳定性。当在高速行驶中转向时，四轮转向系统通过后轮与前轮的同相转向，能有效降低 / 消除车辆侧滑事故的发生几率，明显改善车辆高速行驶的稳定性及安全性，进而缓解驾驶者在各种路况下（尤其是在风雨天）高速驾车的疲劳程度。

（2）缩小车辆低速转向时的转弯半径。在低速转向时，车辆因前后轮的反向转向能够缩小转弯半径达 20%。四轮转向技术使大型车辆具有如同小型车辆的操纵及泊车敏捷性。

（3）提高了车辆的挂车能力。通过转向后轴对挂车的转向牵引，四轮转向系统极大地提高了转向操作随动性和正确性，改善了车辆挂车行驶的操纵性、稳定性及安全性。

三、四轮转向系统的类型

汽车四轮转向系统有机械式四轮转向系统、液压式四轮转向系统、电子控制液压式四轮转向系统和电子控制四轮转向系统等类型。

四、四轮转向系统的组成

其系统组成如图 3-1-21 ~ 图 3-1-24 所示。

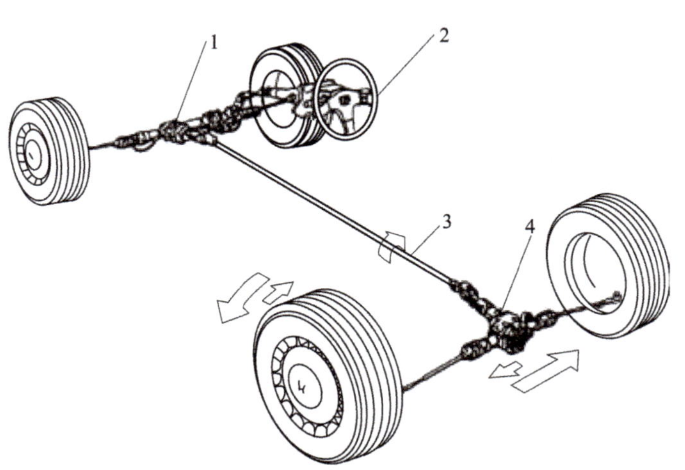

图 3-1-21　机械式四轮转向系统

1—后轮转向取力齿轮箱；2—转向盘；3—后轮转向传动轴；4—后轮转向器

四轮转向系统在日本的本田、马自达轿车以及美国各公司生产的轿车上都有应用，如 97 款三菱 3000GT，94 款本田 Prelude。

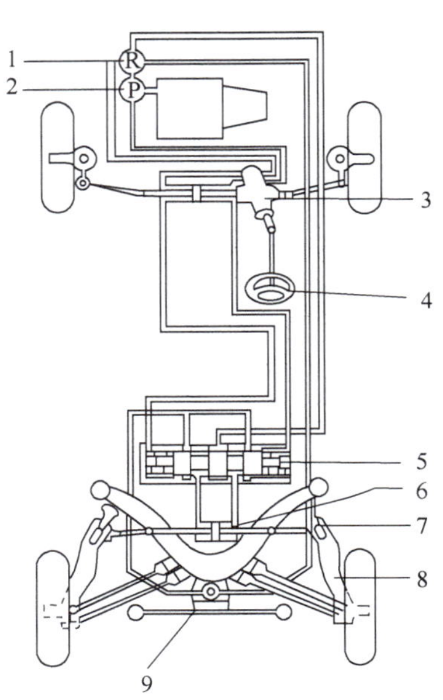

图 3-1-22 液压式四轮转向系统

1—储油罐；2—转向油泵；3—前轮动力转向器；4—转向盘；5—后轮转向控制阀；6—后轮转向动力缸；7—铰接头；8—从动臂；9—后轮转向专用油泵

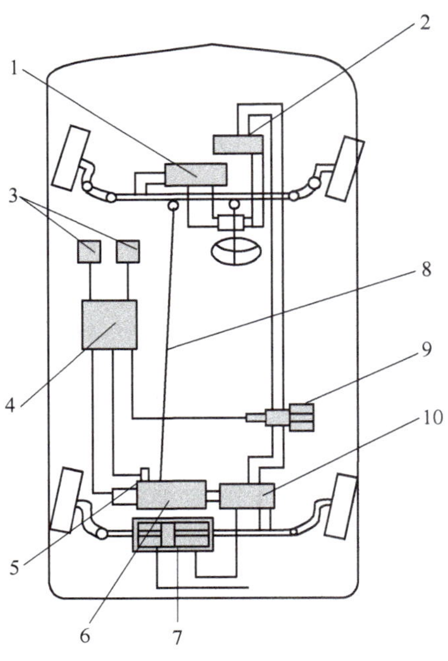

图 3-1-23 马自达电子控制液压式四轮转向系统

1，7—动力缸；2—动力泵；3—车速传感器；4—ECU；5—步进电动机；6—后轮转向系统控制箱；8—后转向传动轴；9—电磁阀；10—控制阀

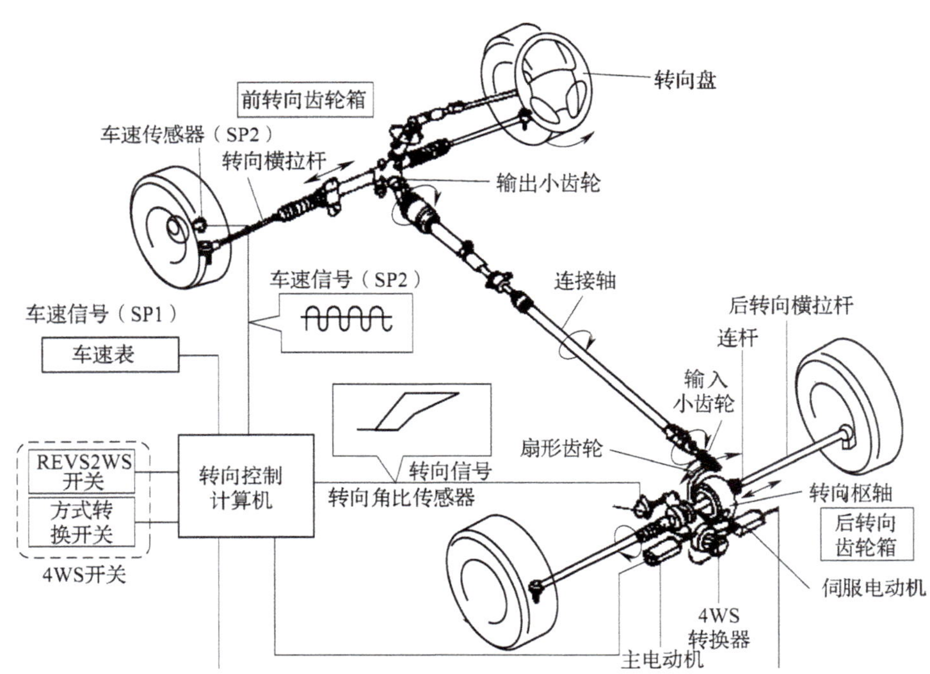

图 3-1-24 电子控制四轮转向系统

任务实施

步骤 1：上网查找四轮转向系统的作用，讨论并分析其优缺点。

步骤 2：分组对比四轮转向实训设备，说出每一部分的零部件的名称。

步骤 3：讨论分析机械式、液压式、电子液压式、电子控制式四轮转向系统的工作原理，分析可能的故障。

步骤 4：分组观察一款使用四轮转向系统的车型，分析其结构及工作原理。

步骤 5：根据现有条件，感知四轮转向的车型的转向情况，分析其优点。

项目小结

任务		主要内容	备注
任务3.1.1	转向系结构	1. 汽车转向系的功用：使汽车在行驶过程中能够按驾驶员的操纵要求适时地改变其行驶方向，并避免在受到路面传来的偶然冲击时，汽车意外地偏离行驶方向。 2. 汽车转向系按转向动力源的不同分为机械转向系和动力转向系两大类。 3. 机械转向系由转向操纵机构、转向器、转向传动机构三大部分组成。 4. 液压动力转向的组成：转向储油罐、转向油泵、转向控制阀、转向动力缸等。 5. 转向系参数：转向系角传动比、转向时车轮的运动规律、转向盘自由行程	
任务3.1.2	转向操纵机构	1. 转向操纵机构的功用：产生转动转向器所必需的操纵力，并具有一定的调节和安全性能。 2. 转向操纵机构的组成：由转向盘、转向轴、转向柱管和转向万向节组成。转向轴和转向柱管统称为转向柱。 3. 分类：安全式转向柱、可调式转向柱。安全式转向柱有可分离式安全操纵机构和缓冲吸能式转向操纵机构两种。 缓冲吸能式转向操纵机构有网状管柱变形式转向操纵机构、钢球滚压变形式转向管柱、波纹管变形吸能式转向管柱。 转向柱调节的形式分为倾斜角度调节和轴向位置调节两种	
任务3.1.3	转向传动机构	1. 转向传动机构的功用是将转向器输出的力和运动传给转向轮，使两侧转向轮偏转以实现汽车转向，并保证左、右转向轮的偏转角按一定关系变化。 2. 与非独立悬架配用的转向传动机构：由转向摇臂、转向直拉杆、转向节臂、两个转向梯形臂和转向横拉杆等组成。 3. 与独立悬架配用的转向传动机构：由转向节臂、转向节、左右横拉杆、转向减振器等组成	
任务3.1.4	拆装转向机构	转向操纵机构拆装时注意：在拆卸前必须将蓄电池电源线断开，将转向指示灯开关放在中间位置，并使车轮处在直线行驶位置	
任务3.1.5	四轮转向系统	1. 四轮转向系统的功用：确保车辆良好的操纵性和稳定性，即有效控制车辆的横向运动特性，以充分保证车辆的操纵稳定性。 2. 四轮转向系统的类型：机械式、液压式、电子液压式、电子控制式。 3. 四轮转向系统的特点：转向响应快，转向能力强，直线行驶稳定性好，低速性能好	

项目评价

评价项目	评分标准	分数	学生自评	小组互评	小计
团队合作	团队分工明确，合作较好，责任心强	30			
操作过程	在学习各部件时，主动学习积极性高，动手能力较强	40			
创新点	是否有创新、是否举一反三，发现便捷方式解决问题	10			
任务方案	清晰、合理、明确	10			
完成情况	按时完成，效果较好	10			
	总分	100			
教师评价					

职业技能鉴定指导

一、选择题

1. 检查转向盘自由转动量时，应使前轮处于（　　）位置。

A. 静止　　B. 空转　　C. 曲线行驶　　D. 直线行驶

2. 下面哪些信号不是电控动力转向系统 ECU 需要的？（　　）

A. 车速传感器　　B. 方向盘转角传感器

C. 方向盘转速传感器　　D. 以上均是

3. 汽车所要求的转向特性应为（　　）转向。

A. 中性　　B. 过多　　C. 不足　　D. 液压助力

4. 转向盘出现“打手”现象主要是因为（　　）

A. 转向盘的自由行程太小　　B. 转向盘的自由行程太大

C. 车速太高　　D. 车速太低

5. 液压动力转向系统排空气的程序为（　　）。

A. 架起转向桥，发动机怠速运转，同时反复向左、向右转动转向盘到极限位置，直至储油箱内泡沫冒出并消除乳化现象

B. 在车辆不起动的状态下，同时反复向左、向右转动转向盘到极限位置，直至储油箱内泡沫冒出并消除乳化现象

C. 将车辆放在平坦的地面上，发动机怠速运转，同时反复向左、向右转动转向盘到极限位置，直至储油箱内泡沫冒出并消除乳化现象

D. 以上答案均不正确

二、判断题

1. 液压动力转向系统中，转向动力缸是将转向油泵提供的液压能转变为驱动转向车轮偏转的机械力的转向助力执行元件。（　　）

2. 拆卸转向中间轴时，不需要先固定转向盘。（　　）

3. 前轮转向角的调整方法是旋出或旋入转向节上的转向角限位螺栓，或转动转向节壳上的调整螺栓进行调整。（　　）

4. 转向节轴轴颈磨损超标后应更换新件。（　　）

项目 3.2

转向器

学习目标

1. 了解转向器的功用及分类；
2. 熟悉转向器的结构组成；
3. 能进行转向器的拆装。

项目导入

汽车转向器是汽车转向系中最重要的部件。它的作用是增大转向盘传到转向传动机构的力和改变力的传递方向。通常情况下，转向系的性能直接影响驾驶员对汽车的性能评价，尤其是目前的汽车购买者，经常会选择具有轻便的转向系统的汽车，以便于驾驶。本项目介绍转向器的结构、工作原理及分类等。

思维导图

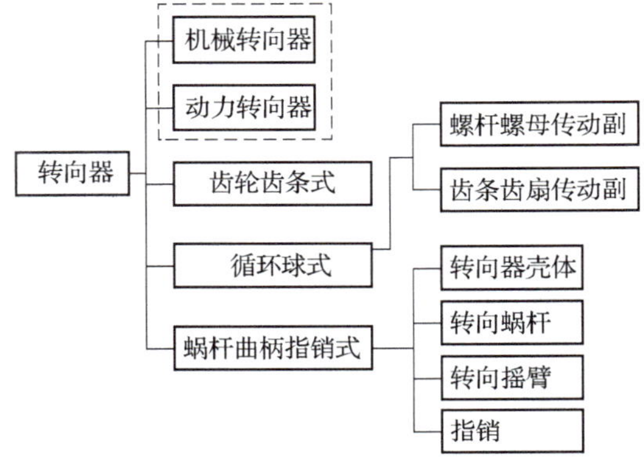

任务3.2.1　转向器结构

任务要求

1. 知道转向器的安装位置及功用。
2. 熟悉转向器的分类及组成。

相关知识

一、转向器功用

转向器的功用是将转向盘的转动变为齿条轴的直线运动或转向摇臂的摆动，降低传动速度，增大转向力矩并改变转向力矩的传动方向，再输出给转向拉杆机构，从而使汽车转向。

二、转向器分类

按照转向动力源的不同分为机械转向器和动力转向器。其中机械转向器的结构形式很多，通常按转向器中传动副的结构形式分类。

常用的转向器有齿轮齿条式、循环球式和蜗杆曲柄指销式等几种。

三、转向器传动效率

转向器的传动效率是指转向器输出功率与输入功率之比。

当功率由转向盘输入，从转向摇臂输出时，所求得的传动效率称为正传动效率；反之，转向摇臂受到道路冲击而传到转向盘的传动效率则称为逆传动效率。

按传动效率的不同，转向器还可以分为可逆式转向器、极限可逆式转向器和不可逆式转向器。

可逆式转向器是指正、逆传动效率都很高的转向器。这种转向器有利于汽车转向后转向轮的自动回正，转向盘“路感”很强，但也容易在坏路行驶时出现“打手”，所以主要应用于经常在良好路面行驶的车辆上。

极限可逆式转向器是指正传动效率远大于逆传动效率的转向器。这种转向器能实现汽车转向后转向轮的自动回正，但“路感”较差，只有当路面冲击力很大时才能部分地传到转向盘，主要应用于中型以上的越野汽车和工矿用自卸汽车等。

不可逆式转向器是指逆传动效率很低的转向器。这种转向器使驾驶员不能得到路面的反馈信息，没有“路感”，而且转向轮也不能自动回正，所以很少采用。

四、机械转向器结构

1. 齿轮齿条式转向器

齿轮齿条式转向器分两端输出式和中间（或单端）输出式两种。采用齿轮齿条式转向器可以使转向传动机构简化（不需转向摇臂和转向直拉杆等），齿轮齿条无间隙啮合无需调整，而且逆传动效率很高，故多用于前轮为独立悬架的轿车和微型及轻型货车上。例如奥迪、捷达、桑塔纳和夏利等轿车，部分微型货车以及南京依维柯轻型货车等，都采用了齿轮齿条式转向器。

（1）齿轮齿条式转向器的结构，如图 3-2-1 所示。

（2）工作过程。转向时，驾驶员转动转向盘，通过转向轴、安全联轴节带动转向齿轮转动，齿轮使得齿条轴向移动，带动拉杆移动，使车轮偏转，实现转向。

2. 循环球式转向器

循环球式转向器的正传动效率很高（最高可达 90% ~ 95%），故操纵轻便，使用寿命长。但其逆传动效率也很高，容易将路面冲击力传到转向盘。不过，对于较轻型的、前轴载质量不大而又经常在良好路面上行驶的汽车而言，这一缺点影响不大。因此，循环球式转向器广泛应用于各类各级汽车中。

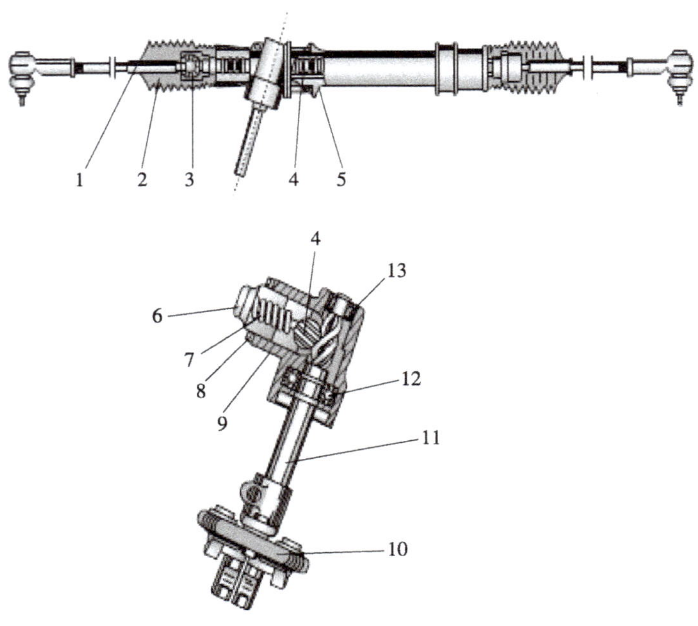

图 3-2-1 齿轮齿条式转向器的结构

1—转向横拉杆；2—防尘套；3—球头座；4—转向齿条；5—转向器壳体；6—调整螺塞；7—压紧弹簧；8—锁紧螺母；9—压块；10—万向节；11—转向齿轮轴；12—向心球轴承；13—滚针轴承

（1）结构组成。具有两个传动副，一套是螺杆螺母传动副，另一套是齿条齿扇传动副或滑块曲柄销传动副，转向螺母松套在螺杆上，两者配合构成圆形截面的螺旋形通道，螺母侧面有两对通孔，与螺母外的钢球导管构成两条管状的封闭循环通道，实现螺杆和螺母间的滚动摩擦，如图 3-2-2 所示。

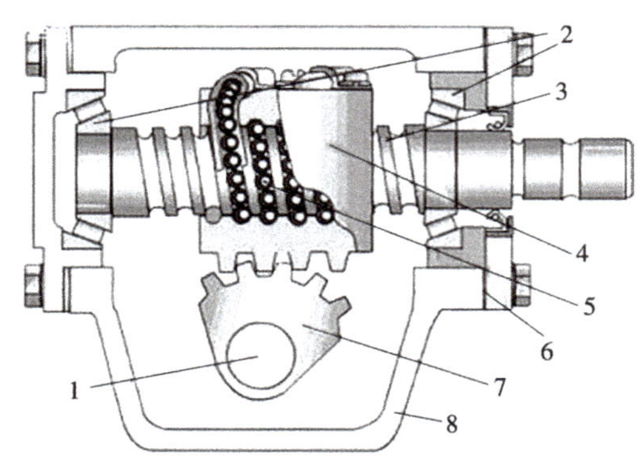

图 3-2-2 循环球式转向器

1—摇臂轴；2—推力轴承；3—转向螺杆；4—转向螺母；5—钢球；6—调整垫片；7—扇齿；8—壳体

（2）工作过程。转动转向螺杆时，通过钢球将力传给螺母，螺母沿轴线移动，在摩擦力的作用下，所有钢球在螺母与螺杆之间形成“球流”，钢球在螺母内绕行两周后，流出螺母进入导管，再由导管流回螺母通道，两列钢球在各自的封闭通道内循环，螺母外表面有等齿厚齿条，与其啮合的是变齿厚的齿扇转动螺杆、螺母，也随之轴向移动，通过齿条、齿扇使转向摇臂转动。

3. 蜗杆曲柄指销式转向器

（1）结构组成。汽车的蜗杆曲柄指销式转向器主要由转向器壳体、转向蜗杆、转向摇臂、指销等组成，如图 3-2-3 所示。

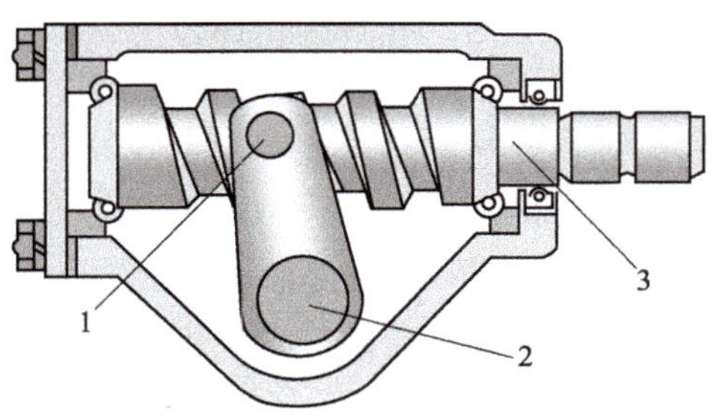

图 3-2-3　蜗杆曲柄指销式转向器

1—指销；2—摇臂轴；3—转向蜗杆

（2）工作过程。蜗杆具有梯形螺纹，手指状的锥形指销用轴承支撑在曲柄上，曲柄与转向摇臂轴制成一体。转向时，通过转向盘转动蜗杆，嵌于蜗杆螺旋槽中的锥形指销一边自转，一边绕转向摇臂轴做圆弧运动，从而带动曲柄和转向垂臂摆动，再通过转向传动机构使转向轮偏转。这种转向器通常用于转向力较大的载货汽车上。

任务实施

步骤 1：查阅资料，找出不同种类的转向器，并对比实物认知。
步骤 2：通过对比实物，分析转向器各零件的结构，并说出零件的名称。
步骤 3：保持场地清洁、卫生。

任务3.2.2　拆装转向器

任务要求

1. 熟悉转向器的作用及结构。
2. 知道转向器的拆装流程。
3. 能拆装转向器。

相关知识

一、循环球式转向器的拆解

（1）将转向器通气室拧下，放出转向器内的润滑油。

（2）将转向臂轴转到中间位置（将转向螺杆转到底后再返回约 3.5 圈）。

（3）拧下转向器侧盖的固定螺栓，取下侧盖和转向臂轴总成。

（4）拆下转向器底盖紧固螺栓，取下底盖和调整垫片。

（5）从壳体中取出转向螺杆及转向螺母总成。

（6）分解转向螺杆螺母：先拆下固定导管夹螺钉，再拆下管夹，取出导管，最后握住螺母，慢慢地转动螺杆，排出全部钢球（注意：两个循环道内的钢球不要混在一起）。

（7）清洗并检查各零部件（注意：橡胶件不能用油清洗）。

二、循环球式转向器的装复

（1）转向螺杆螺母总成的装复。

① 将转向螺母套在螺杆上，再把转向螺母放在螺杆滚道的一端，并使螺母滚道孔对准滚道。

② 将钢球由转向螺母滚道孔放入，边转螺杆边放入钢球（两边可同时进行），每个滚道放入 36 个钢球，其余 24 个装于两个导管内，并将导管两端涂以少量润滑脂，插入转向螺母导管孔中，然后用木锤轻轻敲打导管，使之到位。

③ 用导管夹把导管压在转向螺母上，并用 3 个螺钉固紧，使装复后的螺杆螺母总成处于垂直位置时，螺母应能从螺杆上端自由、匀速落下。

④ 将轴承内圈压到螺杆两端。

（2）转向螺母螺杆总成与壳体的装复。

① 将轴承外圈压入底盖和壳体内。

② 把装好的轴承内圈的螺杆螺母总成放入装有轴承外圈的壳体中，再装上底盖及调整垫片，对称拧紧两个底盖固定螺栓。

③ 螺杆应转动自如，无轴向间隙，否则应增减调整垫片予以调整。

④ 最后拧下两个螺栓，取下底盖，在垫片上涂以密封胶，并套上 O 形密封圈，装上底盖，对称拧紧底盖固定螺栓。

（3）转向臂轴的装复。

① 首先装入齿扇与转向螺母齿条啮合间隙的调整螺栓。

② 将转向臂轴装上壳体，注意把转向螺母放在转向螺杆滚道的中间位置，并把转向臂轴齿扇对准转向螺母齿条的中间齿沟，再把转向臂轴推进装有滚针轴承的壳体中，然后装上侧盖及密封垫，对称拧紧固定螺栓。

③ 装入转向螺杆油封及转向臂轴油封。

④ 调整转向臂轴齿扇与转向螺母齿条的啮合间隙后，拧紧锁紧螺母将调整螺栓锁住。

（4）按规定从加油孔加入新润滑油。

三、曲柄指销式转向器的拆解

（1）拆下放油螺塞，放出润滑油后再装回螺塞。

（2）拧下侧盖和壳体的固定螺栓，取下侧盖和衬垫，取出转向臂及指销组合件。

（3）拧下下盖与壳体的紧固螺栓，依次取出下盖及调整螺塞组合件、衬垫、蜗杆下轴承垫块及密封圈，蜗杆轴承的外圈。

（4）拧出上盖与壳体的紧固螺栓，取出蜗杆及支撑轴等组合件，再依次取出下上轴承盖及油封、密封圈组件、调整垫片、上轴承的外圈。

（5）清洗各零件并检查各零部件及各结合体，橡胶件不能用油清洗。

四、曲柄双销式转向器的装复

（1）装合前先旋松下盖和侧盖上的调整螺塞，各密封垫处涂以密封胶。

（2）按拆卸的相反顺序装复转向器。

（3）上盖与壳体间的调整垫片，用来调整蜗杆轴在座中的支撑刚度和轴线的对中性，出厂时已调整完毕，一般不得随意调整或调换厚薄片的叠合位置。装合前应仔细擦洗干净，并核对数量和叠合位置后再行装合。

（4）装合后应先调整蜗杆支撑刚度。

方法是：用内六角扳手将下盖的调整螺塞拧到底，再退回1/8 ~ 1/4圈，用50 N · m扭矩拧紧其外面的锁止螺母。调整后，用手转动、推拉蜗杆应灵活自如，且无轴向间隙感，蜗杆支撑刚度为合适。

小知识：转向沉重

转向沉重表现为：让行驶的汽车转弯时，转动转向盘，感到沉重吃力。其原因是：蜗杆的上、下轴调整得过紧或轴承损坏；蜗轮和蜗杆啮合过紧，转向器的转向摇臂轴与衬套无间隙；转向轴弯曲或管柱凹瘪，互相刮碰；转向盘碰、磨管柱；转向节上的推力轴承缺油或损坏；转向节主销与衬套装配过紧或缺润滑油；转向节拉杆（直拉杆）螺塞旋得太紧，或拉杆接头缺油；横拉杆球头调整过紧，或拉头缺油；轮胎气压不足；前轴或车架弯曲，前轮定位失准。

任务实施

步骤1：查阅资料，找出不同种类的转向器，并对比实物认知。

步骤2：通过对比实物，分析转向器各零件的结构，并说出零件名称。

步骤3：分组按照要求进行转向器拆解。正确使用工具，保持工具整齐有序。

步骤4：保持场地清洁、卫生。

项目小结

任务		主要内容	备注
任务 3.2.1	转向器结构	1. 转向器的功用：将转向盘的转动变为摆动，降低速度，增大转向力矩并改变转向力矩的传动方向。 2. 分类：机械转向器和动力转向器。 常用的有：齿轮齿条式、循环球式和蜗杆曲柄指销式等几种。 3. 转向器的传动效率：指转向器输出功率与输入功率之比。 4. 结构组成： 齿轮齿条式转向器：齿轮齿条； 循环球式转向器：具有两个传动副，一套是螺杆螺母传动副，另一套是齿条齿扇传动副； 蜗杆曲柄指销式转向器：主要由转向器壳体、转向蜗杆、转向摇臂、指销等组成	
任务 3.2.2	拆装转向器	正确使用工具，保持工具整齐有序	

项目评价

评价项目	评分标准	分数	学生自评	小组互评	小计
团队合作	团队分工明确，合作较好，责任心强	30			
操作过程	在学习各部件时，主动学习积极性高，动手能力较强，能正确拆装，没有损坏零件	40			
创新点	是否有创新、是否举一反三，发现便捷方式解决问题	10			
任务方案	清晰、合理、明确	10			
完成情况	按时完成，效果较好	10			
	总分	100			
教师评价					

职业技能鉴定指导

一、选择题

1. 下列关于更换转向器齿条防尘套的叙述中，哪一项不正确？（　　）

A. 为使横拉杆球接头与转向节相分离，采用塑料锤轻敲转向节

B. 为安装横拉杆球接头，将拆下锁紧螺母时做的装配标记与横拉杆球接头对准，调节前束后按规定扭矩紧固锁紧螺母

C. 当将转向齿条防尘套安装到齿条端头时，根据防尘套的连接线确定防尘套没有扭曲或变形

D．横拉杆球接头安装完成后，一定要用新的开口销来锁紧槽形螺母

2．齿轮齿条式转向器更换波纹管紧固夹箍时要使用（ ）。

A．丁字杆　B．套筒　C．专用工具　D．扳手

二、判断题

1．拆卸分解齿轮齿条式机械转向器时，应在转向齿条端头与横拉杆连接处打上安装标记。（ ）

2．拆卸循环球式机械转向器时，两循环滚道中的钢球应分别放置，并记清其所对应的滚道位置，以防错乱。（ ）

3．对于循环球式机械转向系统，螺杆转动不灵活或力矩过大时，应增加上盖处调整垫片的厚度，当轴向间隙或力矩过小时，则减少垫片。（ ）

模块 4　制　动　系

汽车制动系是汽车底盘的重要组成之一，主要功用是按照需要使汽车减速或停车，保证汽车行车或停车的安全。本模块分 4 个项目，分别学习制动系的结构和工作原理，以及制动系的分类；鼓式制动器和钳盘式制动器的结构、工作原理以及驻车制动器的构造；制动传动装置的结构、ABS 防抱死制动的原理以及优缺点等。全面了解制动系各组成部分的功能及工作原理。

学习本模块能了解制动系的功用及组成，知道制动器的结构且能进行拆装。

项目 4.1 制动系结构

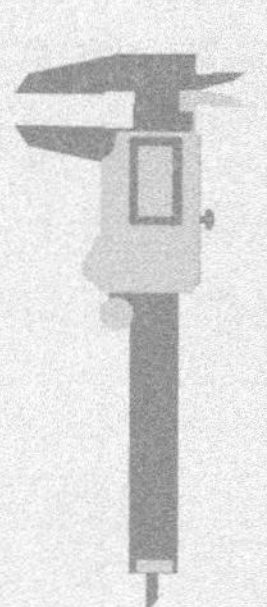

学习目标

1. 知道制动系的功用及组成以及对制动系的要求；
2. 能进行制动液的更换；
3. 熟悉行车制动的基本结构和工作原理。

项目导入

当汽车行驶在宽阔平坦、车流和人流又较少的路况下，可以通过高速行驶提高运输生产效率。但汽车行驶过程中也会遇到复杂多变的路面状况，如进入弯道、行经不平道路、两车交会、突遇障碍物等，为了保证行驶安全，就要求汽车在尽可能短的距离内将车速降低，甚至停车。此外，汽车下长坡时，在重力产生的下滑力的作用下，汽车有不断加速的趋势，此时应限制车速并保持相对稳定；对停驶的车辆，特别是在坡道上停驶的汽车应使之可靠地驻留原地不动。这些都是由制动系完成的。本项目学习制动系的组成和工作原理。

思维导图

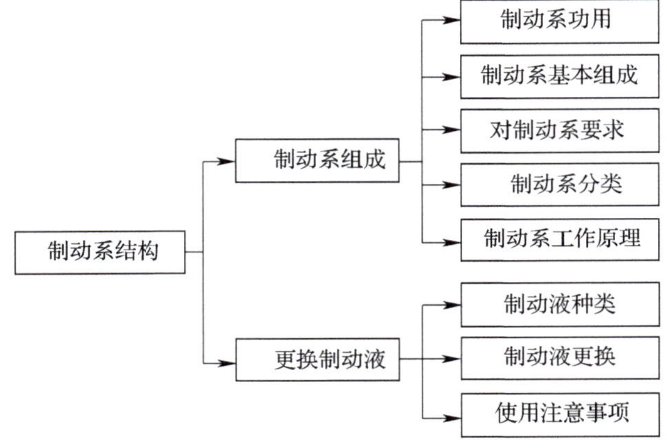

任务4.1.1　制动系组成

任务要求

1. 能识读制动系原理图，会查阅相关资料。
2. 熟悉制动系的功用及类型，知道制动系的工作过程。
3. 掌握制动系的基本要求。

相关知识

一、制动系功用

汽车制动系的功用：按照需要使汽车减速或在最短距离内停车；下坡行驶时保持车速稳定；使停驶的汽车可靠驻停。

二、制动系组成

现代汽车上一般设有以下几套独立的制动系统，如图 4-1-1 所示。

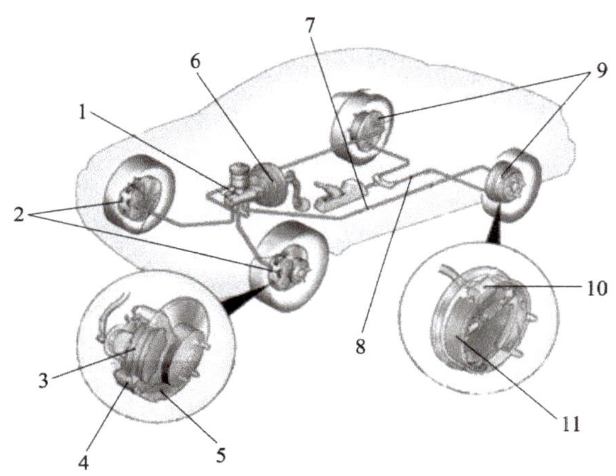

图 4-1-1 制动系组成示意图

1—制动总泵；2—盘式制动器；3—制动片；4—制动分泵；5—制动盘；6—真空助力器；7—制动油管；8—手刹线；9—鼓式制动器；10—制动分泵；11—制动蹄片

（1）行车制动系。用于使行驶中的车辆减速或停车，制动器安装在全部的车轮上，通常由驾驶员用脚操纵。

（2）驻车制动系。用于使停驶的汽车驻留原地，通常由驾驶员用手操纵。

（3）应急制动、安全制动和辅助制动系。应急制动装置是用独立的管路控制车轮的制动器作为备用系统，其作用是当行车制动装置失效时保证汽车仍能实现减速或停车。

安全制动装置是当制动气压不足时起制动作用，使车辆无法行驶。

辅助制动装置是为了下长坡时减轻行车制动器的磨损而设置，其中利用发动机排气制动应用最广泛。

汽车上设置有彼此独立的制动系统，它们起作用的时刻不同，但它们的组成却是相似的，一般由以下 4 个部分组成，如图 4-1-2 所示。

① 供能装置：包括供给、调节制动所需能量以及改善传能介质状态的各种部件，如气压制动系中的空气压缩机。

② 控制装置：包括产生制动动作和控制制动效果的各种部件，如制动踏板等。

③ 传动装置：将驾驶员或其他动力源的作用力传到制动器，同时控制制动器的工作，从而获得所需的制动力矩。包括将制动能量传输到制动器的各个部件，如制动主缸、制动轮缸等。

④ 制动器：产生阻碍车辆的运动或运动趋势的力的部件。

较为完善的制动系还包括制动力调节装置以及报警装置、压力保护装置等。

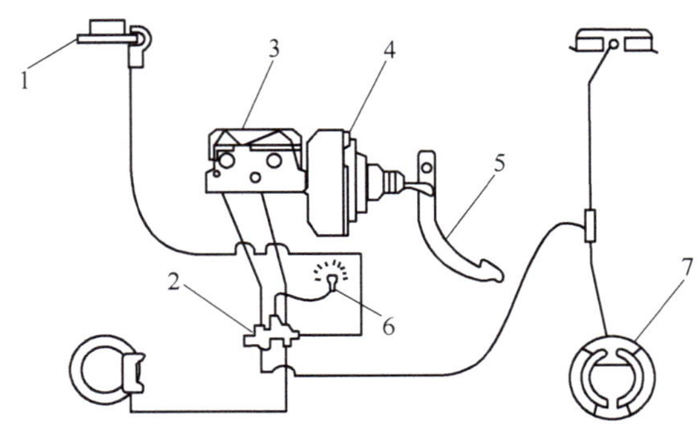

图 4-1-2　制动系构造示意图

1—盘式制动器；2—制动组合阀；3—制动总泵；4—真空助力器；5—制动踏板；6—制动警示灯；7—鼓式制动

三、对制动系的要求

为保证汽车能在安全的条件下高速行驶，制动系必须满足下列要求：

（1）具有良好的制动效能——迅速减速直至停车的能力。

（2）操纵轻便——操纵制动系所需的力不应过大。

（3）制动稳定性好——制动时，前、后车轮制动力分配合理，左右车轮上的制动力矩基本相等，使汽车制动过程中不跑偏、不甩尾。

（4）制动平顺性好——制动力矩能迅速而平稳的增加，也能迅速而彻底的解除。

（5）散热性好——连续制动时，制动鼓和制动蹄上的摩擦片因高温引起的摩擦系数下降要小；水湿后恢复要快。

（6）对挂车的制动系，还要求挂车的制动作用略早于主车；挂车自行脱挂时能自动进行应急制动。

四、制动系分类

制动系可以从不同角度分类：

（1）制动系按功能的不同分类：行车制动系、驻车制动系，以及应急制动、安全制动和辅助制动系。

（2）按照制动能源分类：人力制动系、动力制动系和伺服制动系。

人力制动系是以驾驶员的肌体作为唯一制动能源的制动系；动力制动系是完全靠由发动机的动力转化而成的气压或液压形式的势能进行制动的制动系；伺服制动

系是兼用人力和发动机动力进行制动的制动系。

（3）按传动装置分类：单回路、双回路（我国汽车均采用双回路。所有制动器气压 / 液压管路分属于两个隔绝的回路，一路失效时，另一路仍能工作）。

（4）按能量传递方式分类：机械、气压、液压、电磁式。

五、制动系工作原理

制动系行车制动的工作原理如图 4-1-3 所示。

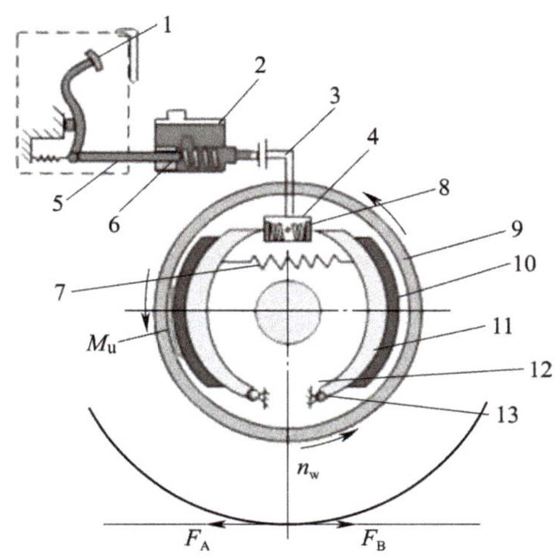

图 4-1-3 制动系的工作原理

1—制动踏板；2—制动主缸；3—油管；4—制动轮缸；5—推杆；6—制动主缸活塞；7—制动蹄复位弹簧；8—轮缸活塞；9—制动鼓；10—摩擦片；11—制动蹄；12—制动底板；13—支撑销

行车制动系由车轮制动器和液压传动机构两部分组成。

车轮制动器的旋转部分是制动鼓，它固定于轮毂上，与车轮一起旋转。固定部分是制动蹄和制动底板等。制动蹄上铆有摩擦片，其下端套在支撑销上，上端用复位弹簧拉紧压靠在轮缸内的活塞上。支撑销和轮缸都固定在制动底板上，制动底板用螺钉与转向节凸缘（前桥）或桥壳凸缘（后桥）固定在一起。制动蹄靠液压轮缸使其张开。

不制动时，制动鼓的内圆柱面与摩擦片之间保留一定间隙，制动鼓可以随车轮一起旋转。

制动时，驾驶员踩下制动踏板，主缸推杆便推动制动主缸内的活塞前移，迫使制动液经管路进入轮缸，推动轮缸的活塞向外移动，使制动蹄克服复位弹簧的拉力绕支撑销转动而张开，消除制动蹄与制动鼓之间的间隙后压紧在制动鼓上。此时，不旋转的制动蹄摩擦片对旋转的制动鼓就产生了一个摩擦矩，其方向与车轮的旋转方向相反。制动鼓将此力矩传到车轮后，由于车轮与路面的附着作用，车轮即对路面作用一个向前的圆周力，与此相反，路面会给车轮一个向后的反作用力，这个力就是车轮受到的制动力。各车轮制动力的总和就是汽车受到的总的制动力。

放松制动踏板，在复位弹簧的作用下，制动蹄与制动鼓的间隙又得以恢复，从而解除制动。

小知识：制动距离

制动距离是指驾驶员踩下制动踏板产生作用至汽车完全停止时，这段时间内汽车前行的距离。制动距离的长短与行驶的速度、制动力、附着系数有关。行驶速度越高，制动距离越长，行驶速度与制动距离的二次方成正比。制动力是指驾驶员踩下制动踏板后，阻碍并促使车轮停止转动的力。制动力的大小，除与踩下制动踏板的行程有关外，还取决于车轮与地面的附着系数，道路越光滑（如结冰路面），附着系数越小，制动距离越长。

任务实施

步骤 1：分组叙述制动系的作用、结构组成，介绍制动系的结构及工作原理。

步骤 2：根据实训车辆，分析制动系的结构，说明制动过程中动力传递经过的零件及其名称。讨论分析制动系可能出现的故障，或没有制动的可能原因。

步骤 3：分组叙述制动系，说明你对制动系的希望及要求。

步骤 4：分组感觉不同车辆制动的轻便性，讨论分析原因。

任务4.1.2　更换制动液

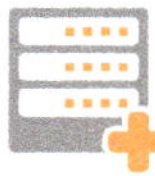

任务要求

1. 能进行制动液的更换。
2. 知道制动液的种类。
3. 能进行液压制动装置的排气。

相关知识

一、制动液

汽车制动液（又称刹车油）是用于液压制动系统中传递压力以制止车轮转动的一种功能性液体。其制动工作压力一般为 2 MPa，高的可达 4 ～ 5 MPa。

制动液有三种类型，分别是：

（1）蓖麻油—醇型：由精制的蓖麻油（45% ~ 55%）和低碳醇（乙醇或丁醇 55% ~ 45%）调配而成。

（2）合成型：用醚、醇、酯等掺入润滑、抗氧化、防锈、抗橡胶溶胀等添加剂制成。

（3）矿油型：用精制的轻柴油馏分加入稠化剂和其他添加剂制成。

所有液体都有不可压缩的特性，在密封的容器中或充满液体的管路中，当液体受到压力时，便会很快地、均匀地把压力传到液体的各个部分，液压制动便是利用这个原理来进行工作的。

二、更换制动液

微型车中采用双回路液压制动，优点在于当任何一管路失效时，另一管路仍能正常工作，从而保证行车安全，配备有真空助力器的车，制动操纵简便。当驾驶员检查发现缺少制动液时，应及时补充同种制动液。每逢更换制动液，拆修制动管、制动软管、制动主缸或分缸，或感觉制动踏板过软且无泄露，则管路中由于频繁使用已有空气，应及时进行排气，调试刹车。排气要从远离总泵的分泵开始。

更换制动液的方法：将制动系储液壶加足制动液至最高液面指示处，将一透明软管的一端与放气螺钉连接，另一端置于一透明容器内的制动液面以下，踩下制动踏板数次，并在踏板处于踩下位置时，将分泵上的放气螺钉旋松，放出混有气泡的制动液后，立即将防气螺钉旋紧。反复进行上述操作，直至从分泵流出的液体不再含有气泡为止。最后拧紧防气螺钉，装上防气螺钉的防尘帽，加制动液进储液壶至规定位置，盖好储液壶盖即可。

三、注意事项

（1）尽可能使用优质制动液。因为优质制动液抗气阻性能强，普通制动液沸点低，夏季长期制动控制车速，制动液温度短时间超过其沸点达 100℃以上，这样就易产生气阻，造成局部制动失效。

（2）避免高速行车频繁使用制动。遇有情况提前缓慢制动即点刹减速，不到不得已不要采取紧急制动，若感到制动不灵敏时，应立即停车检查。

（3）定期检查并更换制动液，汽车制动液在使用前必须检查，若发现有白色沉淀杂质，应过滤后再用。避免混合不同种类的制动液。制动液一般两年更换一次，由于制动液吸湿性强，最好避开雨季更换。更换时，严禁水和其他油混入，并一定要将制动液系统洗净擦干。

（4）酷热夏季长时间行车时，可在制动总泵上包上温布冷却，带上水，常向湿布上滴水降温，可达到防气阻的效果。

（5）如果不小心将汽油、柴油、机油或者玻璃水混入刹车油，会大大影响制动效果。应该及时更换。

（6）车辆正常行驶 4×10^4 km 或刹车油连续使用超过 2 年，刹车油很容易由于使用时间长而变质，所以要注意及时更换。

（7）装有刹车油液面报警装置的车辆，应该随时观察报警指示灯是否闪亮，报警传感器性能是否良好，当刹车油不足的时候应及时添加，储存的刹车油应该保持在标定的最低容量刻度和最高容量刻度之间。

（8）车辆制动出现跑偏时，应选择质量比较好的刹车油予以更换，同时更换皮碗。

（9）换季时，尤其在冬季，要是发现制动效果下降，则有可能是刹车油的级别不适应冬季气候，此时更换新刹车油，就要选择在低温下黏度偏小的刹车油。

（10）不同类型和不同品牌的刹车油不要混合使用，对有特殊要求的制动系统，应加注特定牌号的刹车油。

（11）当刹车油中混入或吸入水分，或者是发现刹车油有杂质或沉淀物时，应该及时更换或者认真过滤，否则会造成制动压力不足，从而影响制动效果。

（12）更换制动液，一定要把原来的制动液清洗干净，再加入新换的制动液。

四、液压制动装置的排气

1. 排气的原因

液压制动系统中渗入空气，制动时系统中的空气被压缩，造成踏板行程增加，踏板发软，影响制动效果。在维修过程中，由于拆检液压制动系统、接头松动或制动液不足等原因，造成空气进入管路时，应及时将系统中的空气排出。

2. 排气的方法与步骤

以桑塔纳轿车制动系统的排气为例。该车制动系统的排气应使用 VW/238/1 型制动系统加油—放气装置，如图 4-1-4 所示。

排气的方法和步骤如下：

（1）接通 VW/238/1 型制动系统加油—放气装置。

（2）按规定顺序打开放气螺钉。

（3）排出制动钳和制动分泵中的气体。

（4）用专用排液瓶盛放排出的制动液。

注意：

排气的顺序为：右后轮、左后轮、右前轮、左前轮。

若没有专用的加油—放气装置，可用以下通用方法进行排气：

（1）起动发动机，使其处于怠速运转。

（2）将软管一头接在放气螺钉上，另一头插在一个盛有部分制动液的容器中，如图 4-1-5 所示。

（3）一人坐于驾驶室内，连续踩下制动踏板，直到踩不下去为止，并且保持不动。

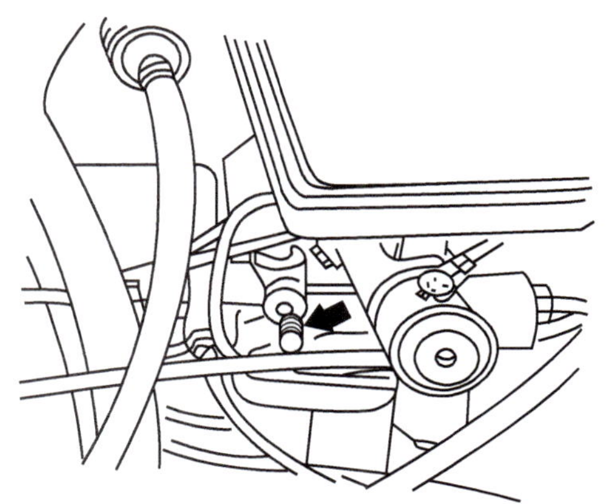
图 4-1-4　用专用设备对制动系统排气

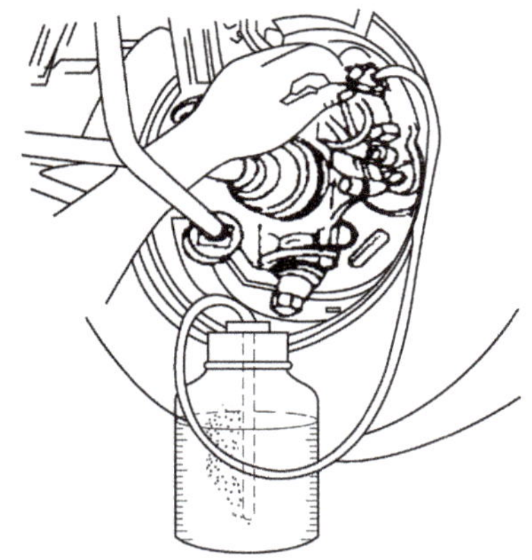
图 4-1-5　液压制动系统排气的通用方法

（4）另一人将放气螺钉拧松一下，此时，制动液连同空气一起从胶管喷入瓶中，然后，尽快将放气螺钉拧紧。

（5）在排出制动液的同时，踏板高度会逐渐降低，在未拧紧放气螺钉之前，切不可将踏板抬起，以免空气再次侵入。

（6）每个轮缸应反复放气几次，直至将空气完全放出（制动液中无气泡）为止，按照右后轮—左后轮—右前轮—左前轮的顺序逐个放气完毕。

（7）在放气过程中，应及时向储液罐内添加制动液，保持液面的规定高度。

注意：

在装有制动压力调节器的汽车上，在放气过程中，应不断地按动汽车后部，要时刻观察制动液储液室内的制动液液面，随时添加制动液直至制动系统中的空气放净为止。

任务实施

步骤 1：小组储备汽车制动液，并检查制动液与原车制动液的型号是否相同。

步骤 2：将车上的制动液通过放油口放掉。

步骤 3：将新的制动液通过加油口（制动液加注口）加满，即到制动液面指示处。

步骤 4：两个人配合进行制动液排气。其中一人负责踩下制动踏板数次，另一人负责看放气螺钉处是否有气泡，进行排气，反复进行，直至没有气泡为止，拧紧螺帽。

步骤 5：整理、清点工具，清理现场。

步骤 6：编写实训报告。

项目小结

<table>
<tr><th colspan="2">任务</th><th>主要内容</th><th>备注</th></tr>
<tr><td>任务 4.1.1</td><td>制动系组成</td><td>1. 汽车制动系的功用：按照需要使汽车减速或在最短距离内停车；下坡行驶时保持车速稳定；使停驶的汽车可靠驻停。
2. 制动系的组成：行车制动系统、停车制动系统、应急（辅助）制动系统。行车制动系的组成：车轮制动器和液压传动机构。
3. 按照制动能源分类：人力制动系、动力制动系和伺服制动系。
4. 对制动系的要求：良好的制动效能、操纵轻便、制动稳定性好、制动平顺性好、散热性好</td><td></td></tr>
<tr><td>任务 4.1.2</td><td>更换制动液</td><td>1. 制动液有三种类型：蓖麻油—醇型、合成型、矿油型。
2. 液压制动装置的排气
（1）排气的原因：液压制动系统中渗入空气，制动时系统中的空气被压缩，造成踏板行程增加，踏板发软，影响制动效果。
（2）注意：排气的顺序为右后轮、左后轮、右前轮、左前轮</td><td></td></tr>
</table>

项目评价

评价项目	评分标准	分数	学生自评	小组互评	小计
团队合作	团队分工明确，能合作，责任心强	30			
操作过程	在学习时，主动学习积极性高，操作规范、有序、完整	40			
创新点	有创新、举一反三，用便捷方式解决问题	10			
任务方案	清晰、合理、明确	10			
完成情况	按时完成，效果较好	10			
	总分	100			
教师评价					

职业技能鉴定指导

填空题

1. 汽车的制动系由产生制动作用的________和操纵制动器的________组成。
2. 操纵制动器的传动机构有________、________和________三种。
3. 汽车上采用的车轮制动器是利用摩擦原理来产生制动的，它的结构分为________和________两种。
4. 制动总泵的基本工作过程为________________。
5. 制动器按其安装位置分为________、________。

项目4.2 制动器结构

学习目标

1. 熟悉鼓式制动器的结构和工作原理、功用及分类；
2. 熟悉盘式制动器的结构和工作原理、功用及分类；
3. 熟悉驻车制动器的结构和工作原理、功用及分类。

项目导入

汽车制动系的重要总成是制动器。制动器的旋转元件固装在车轮或半轴上，将制动力矩直接分别作用于两侧车轮上的制动器称为车轮制动器。根据摩擦副中旋转元件的结构形式不同，汽车上所用的车轮制动器可分为两种。本项目学习制动器的结构和工作原理。

思维导图

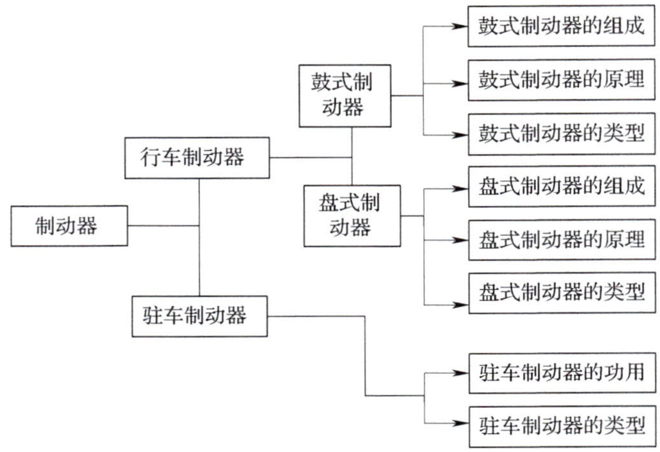

任务4.2.1　鼓式制动器

任务要求

1. 熟悉鼓式制动器的结构。
2. 知道鼓式制动器的工作原理。
3. 了解鼓式制动器的类型。

相关知识

一、制动器分类

制动器是具有使运动部件（或运动机械）减速、停止或保持停止状态等功能的装置。制动器有鼓式制动器和盘式制动器。

鼓式和盘式制动器的区别在于，前者的摩擦副中旋转元件为制动鼓，其工作表面为圆柱面；后者的旋转元件则为圆盘状的制动盘，以端面为工作表面。

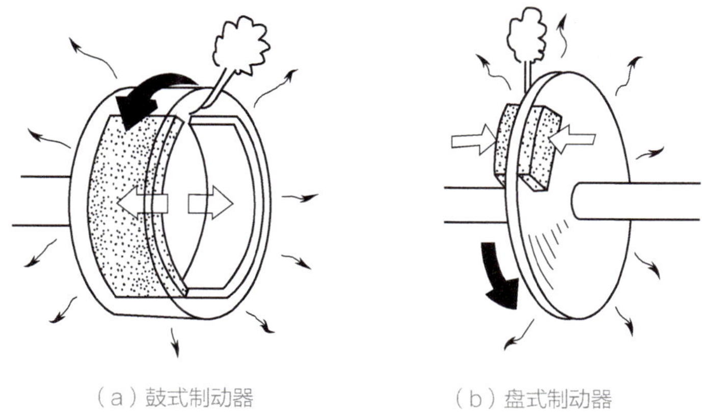

（a）鼓式制动器　　（b）盘式制动器

图 4-2-1　制动器的类型

二、鼓式制动器结构

简单的鼓式车轮制动器由旋转部分、固定部分、促动装置和定位调整机构组成。

1. 旋转部分

旋转部分多为制动鼓。制动鼓通常为浇铸件，对于受力小的制动鼓也可用钢板冲压而成，如图 4-2-2（a）所示。

2. 固定部分

固定部分是制动底板和制动蹄，如图 4-2-2（b）所示。制动底板固装在车桥的凸缘盘上，通过支撑销与制动蹄相连。制动蹄常用钢板冲压后焊接而成，或由铸铁或轻合金烧铸，采用 T 形截面，以增大刚度，摩擦片采用黏接或铆接的方式固定于制动蹄上。

（a）制动鼓　　（b）制动蹄

图 4-2-2　制动鼓和制动蹄

3. 促动装置

促动装置的作用是对制动蹄施加力使其向外张开。常用的促动装置有制动凸轮和制动轮缸，如图 4-2-3 所示。

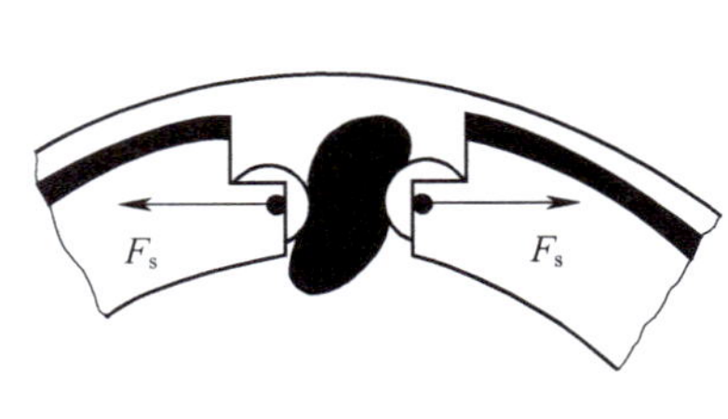

（a）制动凸轮

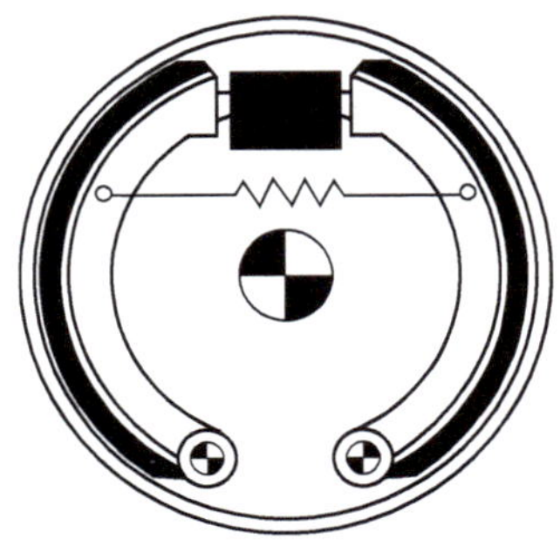

（b）制动轮缸

图 4-2-3 制动蹄的促动装置

4. 定位调整装置

制动蹄在不工作时，其摩擦片与制动鼓之间应有合适的间隙，此间隙一般在 0.25 ~ 0.5 mm。间隙过小易造成制动解除不彻底；但间隙过大又将使制动踏板行程过大，以致使驾驶员操作不便，同时也会推迟制动器起作用的时刻。但是在制动过程中，摩擦片的不断磨损必将导致此间隙逐渐增大。因此，各种形式的制动器均设有检查、调整此间隙的装置。

定位调整装置的作用是保持和调整制动蹄和制动鼓间正确的相对位置。

三、鼓式制动器工作原理

1. 鼓式制动器的工作过程

汽车行驶中不需要制动时，制动踏板处于自由状态，制动主缸无制动液输出，制动蹄在复位弹簧的作用下压靠在轮缸活塞上，制动鼓的内圆柱面与摩擦片之间保留一定间隙，制动鼓可以随车轮一起旋转。

制动时，驾驶员踩下制动踏板，主缸推杆便推动制动主缸内的活塞前移，迫使制动液经管路进入制动轮缸，推动轮缸的活塞向外移动，使制动蹄克服复位弹簧的拉力绕支撑销转动而张开，消除制动蹄与制动鼓之间的间隙后压紧在制动鼓上。此时，不旋转的制动蹄摩擦片对旋转的制动鼓就产生一个摩擦矩，其方向与车轮的旋转方向相反。

放松制动踏板，在复位弹簧的作用下，制动蹄与制动鼓的间隙又得以恢复，从而解除制动。

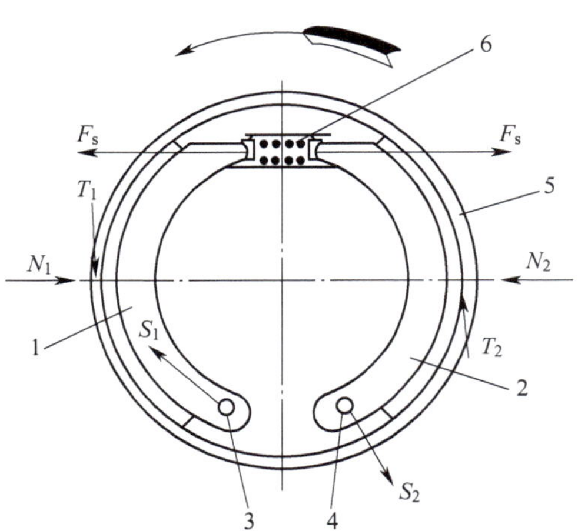

图 4-2-4 领、从蹄式制动器示意图

1—领蹄；2—从蹄；3、4—支点；5—制动鼓；6—制动轮缸

2. 制动蹄增势和减势

如图 4-2-4 所示，汽车前进时制动鼓

的旋转方向如箭头所示。在制动过程中，两制动蹄在相等的促动力 F_s 的作用下，分别绕各自的支点向外偏转紧压在制动鼓上。同时旋转的制动鼓对两蹄分别作用着法向反力 N_1 和 N_2，以及相应的切向反力 T_1 和 T_2，T_1 作用的结果是使得制动蹄 1 在制动鼓上压得更紧，则 N_1 变得更大，这种情况称为“助势”作用，相应的制动蹄被称为“领蹄”；与此相反，T_2 作用的结果则使得制动蹄 2 有放松制动鼓的趋势，即 N_2 和 T_2 有减小的趋势。这种情况称为“减势”作用，相应的制动蹄被称为“从蹄”。

通过以上的分析，我们会得出这样的结论：虽然制动蹄 1、2 所受的促动力相等，但由于 T_1 和 T_2 的作用方向相反，使得两制动蹄所受到的法向反力 N_1 和 N_2 不相等，且 $N_1>N_2$，相应的 $T_1>T_2$。所以制动蹄作用到制动鼓上的法向力不相等；两制动蹄对制动鼓所施加的制动力矩也不相等。

制动蹄对制动鼓的作用力不相等，则两蹄法向力之和只能由车轮轮毂轴承的反力来平衡，这样对轮毂轴承造成了附加径向载荷，轴承的寿命缩短。为解决这个问题，出现了各种不同的鼓式制动器。

四、鼓式车轮制动器类型

鼓式车轮制动器按其制动蹄促动装置的形式可分为轮缸式车轮制动器和凸轮式车轮制动器。

根据制动时两制动蹄对制动鼓的径向作用力之间的关系，鼓式制动器可分为简单非平衡式、平衡式和自增力式。

1. 非平衡式制动器

制动鼓受来自两制动蹄的法向力不能互相平衡的制动器称为非平衡式制动器。

非平衡式车轮制动器的工作过程如图 4-2-5 所示，其结构特点是：两制动蹄的支点都位于蹄的下端，而促动装置的作用点在蹄的上端，共用一个轮缸张开，且轮缸活塞直径是相等的。其性能特点是：汽车前进或倒车制动时，各有一个“领蹄”和“从蹄”。领、从蹄对制动鼓的法向作用力不相等，而这个不平衡的法向作用力只能由车轮的轮毂轴承来承担。

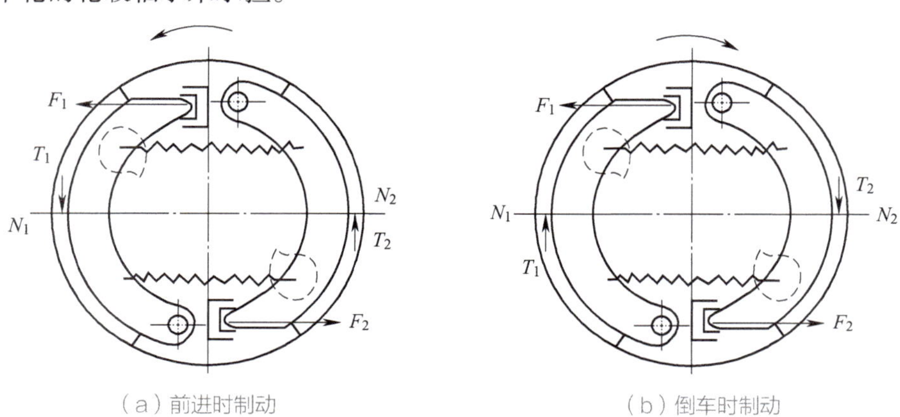

（a）前进时制动　（b）倒车时制动

图 4-2-5　单向平衡式车轮制动器的结构

2. 平衡式制动器

制动鼓受来自两蹄的法向力互相平衡的制动器称为平衡式制动器。

（1）单向平衡式制动器。单向平衡式制动器的结构如图 4-2-5 所示，其结构特点是：两制动蹄各用一个单向活塞制动轮缸，且前后制动蹄与其轮缸、调整凸轮零件在制动底板上的布置是中心对称的，两轮缸用油管连接。其性能特点是：前进制动时两蹄均为“领蹄”，有较强的增力，倒车制动时两蹄均为“从蹄”，制动力较小。

（2）双向平衡式制动器。双向平衡式制动器的结构如图 4-2-6 所示，其结构特点是：制动蹄、制动轮缸、复位弹簧均为成对地对称布置，两制动蹄的两端采用浮式支撑，且支点在周向位置浮动，用复位弹簧拉紧。其性能特点是：汽车前进或倒车中制动时，两个制动蹄均为“领蹄”，均有较强的增力，制动效果好，蹄片磨损均匀。

3. 自增力式制动器

（1）单向自增力式制动器。单向自增力式制动器的结构如图 4-2-7 所示。制动蹄 1 和制动蹄 2 的下端分别浮支在浮动的顶杆两端。制动器只在上方有一个支撑销 4。不制动时，两蹄上端均靠各自的复位弹簧拉靠在支撑销上。

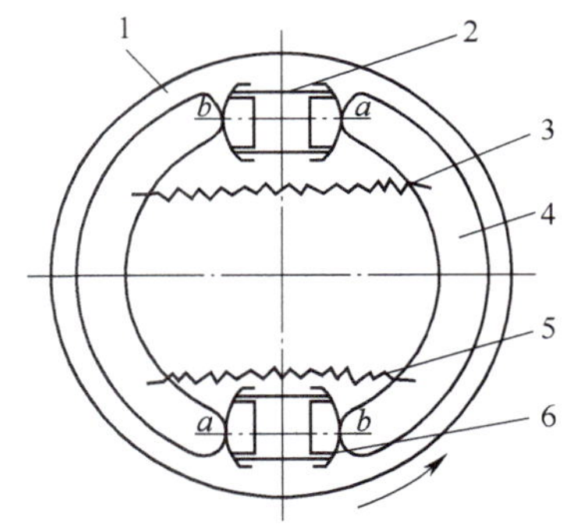

图 4-2-6 双向平衡式车轮制动器的结构

1—制动底板；2，6—制动轮缸；3，5—回位弹簧；4—制动蹄

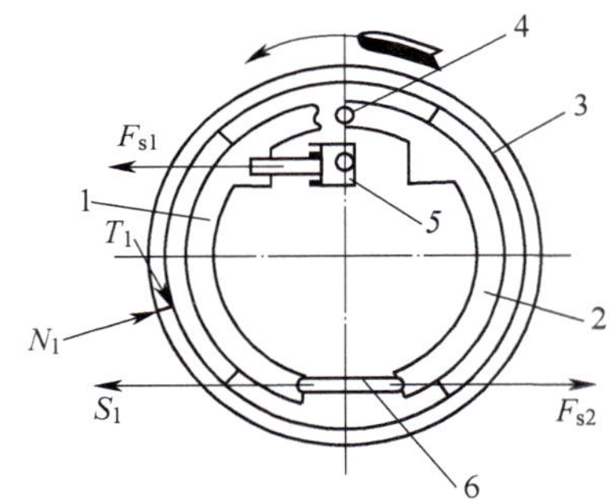

图 4-2-7 单向自增力式制动器的结构

1—第一制动蹄；2—第二制动蹄；3—制动鼓；4—支撑销；5—轮缸；6—顶杆

汽车前进制动时，单活塞式轮缸只将促动力 F_{s1} 加于第一制动蹄，使其上端离开支撑销，整个制动蹄绕顶杆左端支点旋转，并压靠在制动鼓上。显然，第一制动蹄是领蹄，并且在促动力 F_{s1}、法向合力 N_1、切向（摩擦）合力 T_1 和沿顶杆轴线方向的 S_1 的作用下处于平衡状态。由于顶杆是浮动的，自然成为第二制动蹄的促动装置，而将与力 S_1 大小相等、方向相反的促动力 F_{s2} 施于第二制动蹄的下端，故第二制动蹄也是领蹄。

（2）双向自增力式制动器。双向自增力式制动器的结构如图 4-2-8 所示。前进制动时，两制动蹄在促动力 F_s 的作用下张开压力制动鼓，此时两蹄的上端均离开支撑销，沿图中箭头方向旋转的制动鼓对两蹄产生摩擦力矩，带动两蹄沿旋转方向转过一个不大的角度，直到后蹄又顶靠到支撑销上为止。此时，前蹄为“领蹄”，但其支撑为浮动的推杆。制动鼓作用在前蹄的摩擦力和法向力的一部分对推杆形成一个推力 S，推杆又将此推力完全传到后蹄的下端。后蹄在推力 S 的作用下也形成“领蹄”，并在轮缸液压促动力 F_s 的共同作用下进一步压紧制动鼓。推力 S 比促动力 F_s 大得多，从而使后蹄产生的制动力矩比前蹄更大。

倒车制动时，作用过程与此相反，与前进制动时具有同等的自增力作用。

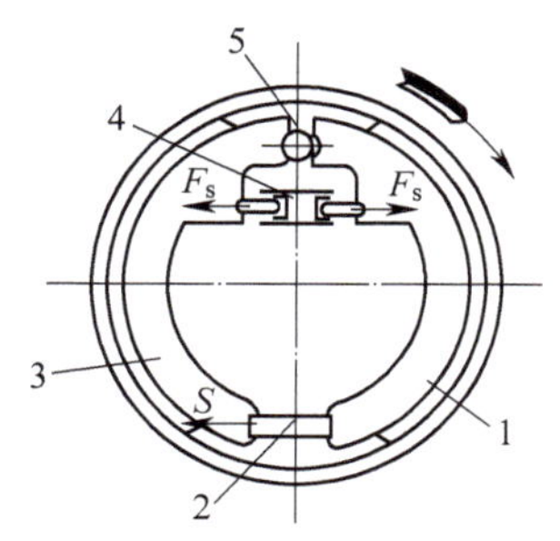

图 4-2-8　双向自增力式制动器的结构

1—前制动蹄；2—顶杆；3—后制动蹄；4—制动轮缸；5—支撑销

任务实施

步骤 1：分组叙述制动器的作用、结构组成，介绍鼓式制动器的结构及工作原理。

步骤 2：根据实训车辆，分析鼓式制动器，说明鼓式制动器制动过程中动力传递经过的零件及其名称。

步骤 3：讨论分析鼓式制动器有可能出现的故障现象，及不制动的可能原因。

步骤 4：分组感觉不同车辆的鼓式制动器的轻便性，讨论分析原因。

任务4.2.2　盘式制动器

任务要求

1. 知道盘式制动器的结构。
2. 熟悉盘式制动器的工作原理。
3. 熟悉盘式制动器的类型及特点。

相关知识

一、盘式制动器类型

盘式制动器根据其固定元件的结构形式可分为钳盘式制动器和全盘式制动器。

钳盘式制动器的固定元件为制动钳，制动钳中的制动块由工作面积不大的摩擦块与其金属背板组成，每个制动器中有 2 ~ 4 块。钳盘式制动器按制动钳固定在支架上的结构形式可分为定钳盘式和浮钳盘式，如图 4-2-9 所示即为定钳盘式制动器。

全盘式制动器的固定元件的金属背板和摩擦片都做成圆盘形，因而其制动盘的全部工作面可同时与摩擦片接触。全盘式制动器由于制动钳的横向尺寸较大，主要应用在重型车上。

本节以钳盘式制动器为例，讲解盘式制动器的结构和工作原理。

二、钳盘式制动器基本结构

钳盘式制动器的基本结构如图 4-2-9 所示，其旋转元件是制动盘，它和车轮固装在一起旋转，以其端面为摩擦工作表面。其固定元件是制动块、导向支销和轮缸及活塞，它们均被安装于制动盘两侧的钳体上，总称为制动钳。制动钳用螺栓与转向节或桥壳上的凸缘固装，并用调整垫片来调整钳与盘之间的相对位置。

（a）拆解示意图　（b）构造示意图

（c）实物图

图 4-2-9　钳盘式制动器

1—制动钳；2—制动钳活塞；3—制动钳安装支架；4—制动盘；5—摩擦片；6—制动衬块；7—轮毂螺栓；8—防尘罩；9—车轮法兰；10—制动盘；11—制动钳卡销；12—观察孔；13—制动钳；14—放气口；15—制动活塞壳体；16—制动液软管；17—制动摩擦片；18—通风孔

三、钳盘式制动器工作原理

如图 4-2-10 所示，制动时，油液被压入内、外两轮缸中，经液压作用的活塞朝制动盘方向移动，推动制动块紧压制动盘，产生摩擦力矩而制动。在此过程中，轮缸槽内的矩形橡胶密封圈的刃边在摩擦力的作用下产生微量的弹性变形，如图 4–2–11（a）所示。

放松制动时，液压系统压力消除，密封圈恢复到其初始位置，活塞和制动块依靠密封圈的弹力和弹簧的弹力回位，如图 4–2–11（b）所示。由于矩形密封圈刃边的变形量很微小，在不制动时，摩擦片与盘之间的间隙每边只有 0.1 mm 左右，它足以保证制动的解除。

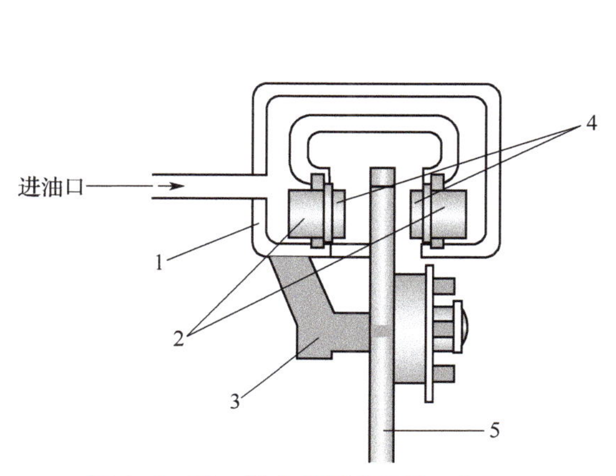

图 4–2–10 钳盘式制动器的工作原理

1—制动钳体；2—活塞；3—车桥部；4—摩擦块；5—制动盘

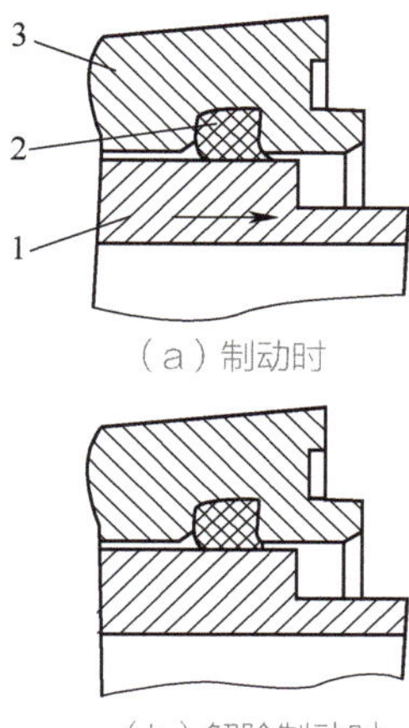

图 4–2–11 活塞密封圈的工作情况

1—活塞；2—矩形橡胶密封圈；3—轮缸

四、盘式制动器特点

盘式制动器的优点：

（1）散热能力强，热稳定性好。受热后，制动盘只在径向膨胀，不会影响制动间隙。

（2）抗水衰退能力强。受水浸后，在离心力的作用下被很快甩干，摩擦衬片上的剩水也由于压力高而容易挤出，一般仅需要 1 ~ 2 次制动后即可恢复正常。

（3）制动时的平顺性好。

（4）结构简单，维修方便。

（5）制动间隙小，便于自动调节。

盘式制动器的不足：

（1）制动时无助势作用，故要求管路液压较高。

（2）防污性差，制动衬片磨损较快。

任务实施

步骤 1：分组叙述盘式制动器的作用、结构组成，介绍盘式制动器的结构及工作原理。

步骤 2：根据实训车辆，分析盘式制动器，说明盘式制动过程中动力传递经过的零件及其名称。

步骤 3：讨论分析盘式制动器有可能出现的故障现象，及不制动的可能原因。

步骤 4：分组感觉不同车辆的制动器的轻便性，讨论分析原因。

任务4.2.3 驻车制动器

任务要求

1. 知道驻车制动器的工作原理。
2. 熟悉驻车制动器的类型。
3. 熟悉驻车制动器的功用。

相关知识

一、驻车制动器功用

（1）车辆停驶后防止滑溜。

（2）使车辆在坡道上能顺利起步。

（3）行车制动系失效后临时使用或配合行车制动器进行紧急制动。

二、驻车制动器类型

驻车制动器按其安装位置可分为中央制动式和车轮制动式两种。中央制动式驻车制动器通常安装在变速器的后面，其制动力矩作用在传动轴上；车轮制动式驻车制动器通常与车轮制动器共用一个制动器总成，只是传动机构是相互独立的。如图 4-2-12 所示。

驻车制动器按其结构形式可分为鼓式、盘式、带式和弹簧作用式。

三、制动装置的工作原理

手刹操作机构如图 4-2-13 所示。

驻车制动时，驾驶员拉起驻车制动操纵杆后，操纵力便通过调整拉杆、拉绳传到车轮制动器内的驻车制动杠杆下端，使之绕上端支点顺时针转动，在制动杠杆的转动过程中，其中间支点推动驻车制动推杆左移，使前制动蹄压向制动鼓。到前制动蹄

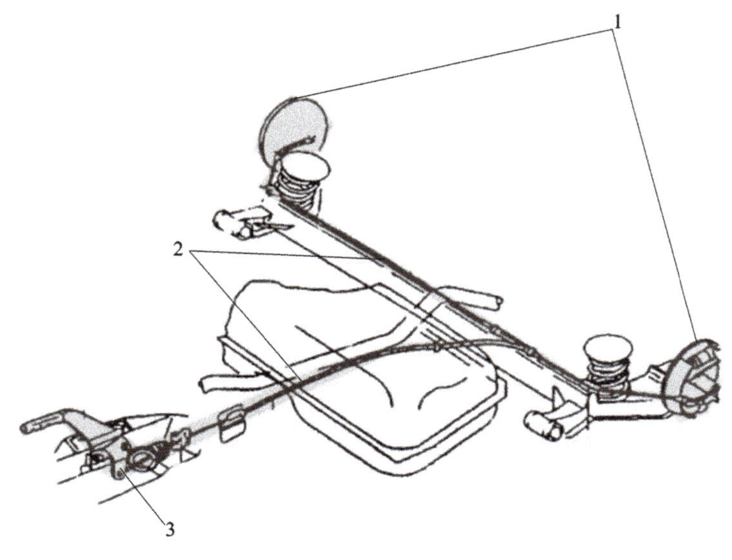

图 4-2-12 汽车驻车制动系统示意图

1—后轮鼓式制动器；2—手刹拉索；3—手刹拉杆

压向制动鼓后，推杆停止运动，则驻车制动杠杆的中间支点变成其继续转动的新支点。于是驻车制动杠杆的上端右移使后制动蹄压靠到制动鼓上，施以驻车制动。此时，驻车制动操纵杆上的棘爪与扇形齿啮合，驻车制动操纵杆处于锁止状态。

解除制动时，须先将驻车制动操纵杆向后搬动少许，再压下驻车制动操纵杆端头的按钮，通过棘爪压杆使棘爪与齿板脱开，然后将驻车制动操纵杆推到释放位置后松开按钮。与此同时，制动蹄在复位弹簧的作用下回位。

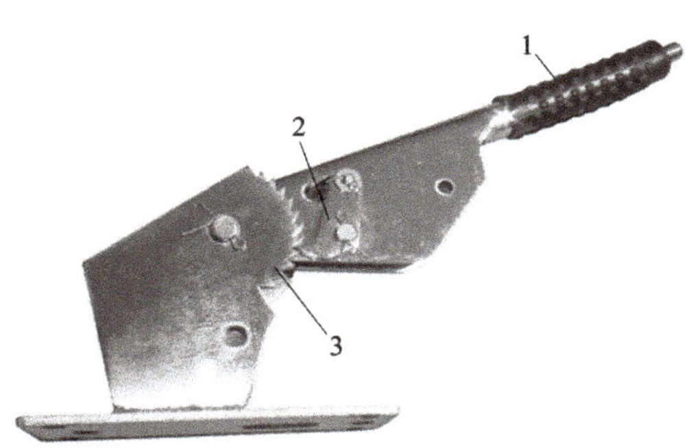

图 4-2-13 手刹操作机构

1—手刹拉杆；2—棘爪；3—棘轮

小知识：电子手刹

电子手刹也就是电子驻车制动系统。电子驻车制动系统（Electrical Park Brake，EPB）是指将行车过程中的临时性制动和停车后的长时性制动功能整合在一起，并且由电子控制方式实现停车制动的技术。

其工作原理与机械式手刹相同，均是通过刹车盘与刹车片产生的摩擦力来达到控制停车制动，只不过控制方式从之前的机械式手刹拉杆变成了电子按钮。

项目小结

任务		主要内容	备注
任务 4.2.1	鼓式制动器	1. 鼓式车轮制动器：由旋转部分、固定部分、促动装置和定位调整机构组成。 2. 鼓式车轮制动器按其制动蹄促动装置的形式分：轮缸式车轮制动器和凸轮式车轮制动器。 根据制动时两制动蹄对制动鼓的径向作用力之间的关系，分为简单非平衡式、平衡式和自增力式	
任务 4.2.2	盘式制动器	1. 按盘式制动器原理分为：钳盘式制动器和全盘式制动器。 2. 钳盘式制动器的结构：旋转元件是制动盘，固定元件是制动块，导向支销和轮缸及活塞，总称为制动钳。 3. 钳盘式制动器的原理：制动时，油液被压入内、外两轮缸中，经液压作用的活塞朝制动盘方向移动，推动制动块紧压制动盘，产生摩擦力矩而制动。 4. 盘式制动器的优点： （1）散热能力强，热稳定性好； （2）抗水衰退能力强； （3）制动时的平顺性好； （4）结构简单，维修方便； （5）制动间隙小，便于自动调节	
任务 4.2.3	驻车制动器	1. 驻车制动器的功用： （1）车辆停驶后防止滑溜； （2）使车辆在坡道上能顺利起步； （3）行车制动系失效后临时使用或配合行车制动器进行紧急制动。 2. 驻车制动器：分为中央制动式和车轮制动式两种	

项目评价

评价项目	评分标准	分数	学生自评	小组互评	小计
团队合作	团队分工明确，合作较好，责任心强	30			
操作过程	在学习时，主动学习积极性高，动手能力较强	40			
创新点	有创新、举一反三，能用便捷方式解决问题	10			
任务方案	清晰、合理、明确	10			
完成情况	按时完成，效果较好	10			
	总分	100			
教师评价					

职业技能鉴定指导

填空题

1. 制动器按其安装位置分为______和______两种形式。

2. 手制动器按其结构不同可以分为______和______两种。

3. 常用的汽车制动效能评价指标是______和______。

4. 制动效能的恒定性，也称为制动器的______。

5. 制动时汽车方向稳定性是指汽车制动过程中保持______的能力。

6. 制动时原期望汽车能按直线方向减速停车，但有时却自动向右或向左偏驶，这一现象称为______。

7. 制动全过程的时间中包括______和______时间两部分。

制动传动装置

学习目标

1. 液压制动传动装置的组成及类型；
2. 液压制动传动装置的工作原理；
3. 液压制动油缸的结构及工作原理。

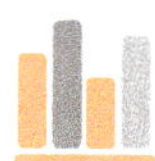

项目导入

汽车根据驾驶的需要，要停车或减速，有制动器还要有控制制动器工作或产生制动效果的传力装置，即液压制动传动装置，从制动踏板到制动器之间的零件构成了制动传动装置。

本项目介绍液压制动传动装置的结构及工作原理。

思维导图

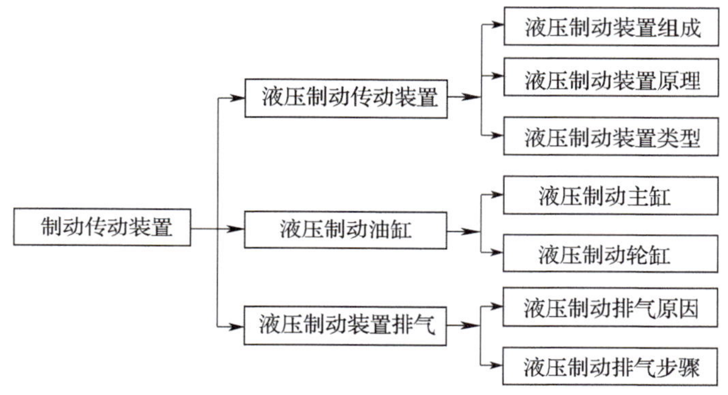

任务4.3.1　液压制动传动装置

任务要求

1. 知道液压制动传动装置的组成及功用。
2. 熟悉液压制动传动装置的工作原理。
3. 了解液压制动传动装置的分类。

相关知识

一、液压制动传动装置功用

液压制动传动装置是利用制动液将人作用在制动踏板上的力转换为制动液压力，通过管路传至车轮制动器，再将制动液压力转变为制动蹄张开的机械推力。

二、液压制动传动装置的组成

如图 4–3–1 所示，液压制动传动装置由制动踏板、主缸推杆、制动主缸、储液罐、制动轮缸、油管、制动灯开关、指示灯、比例阀等组成。

液力制动柔和灵敏，结构简单，使用方便，不消耗发动机功率。但操纵较费力，制动力不大，制动液流动性差，高温易产生气阻，如有空气侵入或漏油会降低制动效能甚至失效。

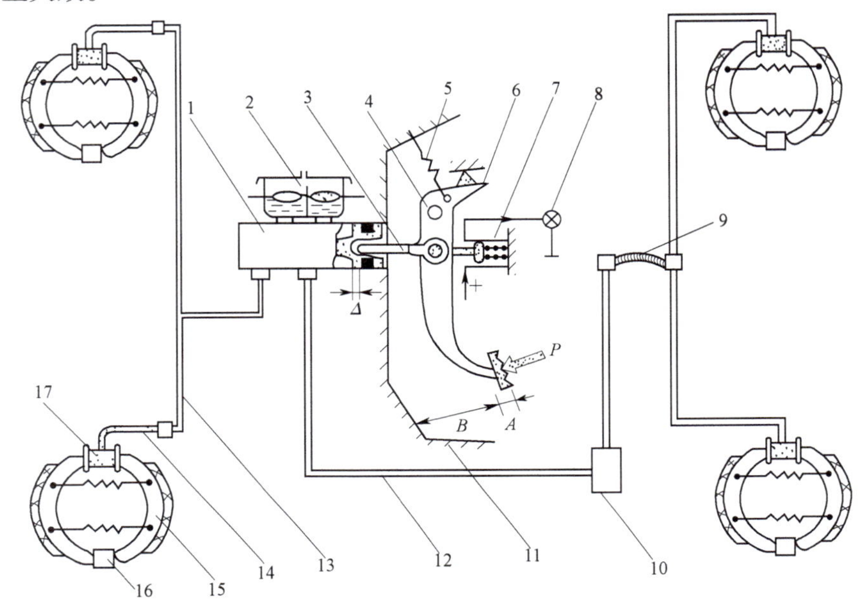

图 4–3–1　液压制动传动装置的组成

1—制动主缸；2—储液罐；3—主缸推杆；4—支撑销；5—复位弹簧；6—制动踏板；7—制动灯开关；8—指示灯；9—软管；10—比例阀；11—地板；12—后桥油管；13—前桥油管；14—软管；15—制动蹄；16—支撑座；17—制动轮缸；Δ—自由间隙；A—自由行程；B—有效行程

三、液压制动传动装置的工作原理

如图 4–3–2 所示，液压制动传动装置以帕斯卡定律为基础，并且在传力过程中对驾驶员的踏板力进行了放大，使传递到制动轮缸及制动蹄上的制动力大于踏板力。

如果以 10 kg 脚踏力踩制动踏板，踏板与支点力臂相当于主缸活塞与支点力臂的 3 倍，则作用到制动主缸活塞上的力为 30 kg。如果主缸活塞的截面积为 2 cm^2，而轮缸活塞的截面积为 4 cm^2，那么，推动车轮制动蹄的力可达 60 kg。

四、液压制动传动装置类型

现代汽车为了保证安全都使用双管路液压制动传动装置，这种装置利用彼此独立的双腔制动主缸，通过两套独立管路，分别控制两桥或三桥的车轮制动器。其特点是若其中一套管路发生故障而失效时，另一套管路仍能继续起制动作用，从而提高了汽车制动的可靠性和行车的安全性。

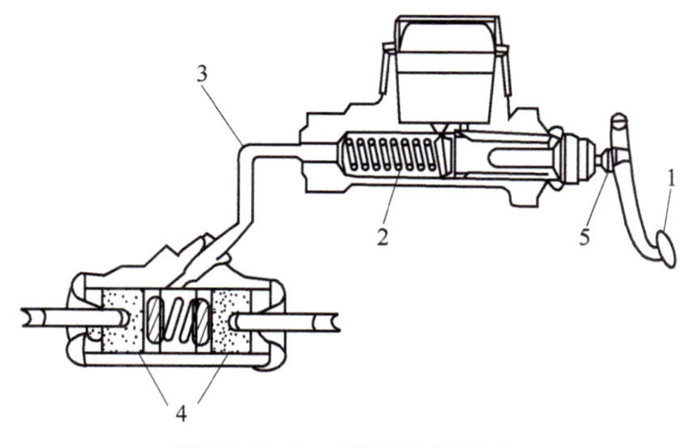

图 4-3-2　踏板力的放大

1—制动踏板；2—主缸活塞；3—制动管路及制动液；4—轮缸活塞；5—制动蹄推杆

双管路的布置方案在各型汽车上各有不同，常见的有前后独立式和交叉式两种形式。

1. 前后独立式

如图 4-3-3 所示，前后独立式双管路液压制动传动装置由双腔制动主缸通过两套独立的管路分别控制前桥和后桥的车轮制动器。这种布置方式结构简单，如果其中一套管路损坏漏油，另一套仍能起作用，但会破坏前后桥制动力分配的比例，主要用于发动机前置后轮驱动的汽车，如南京依维柯等。

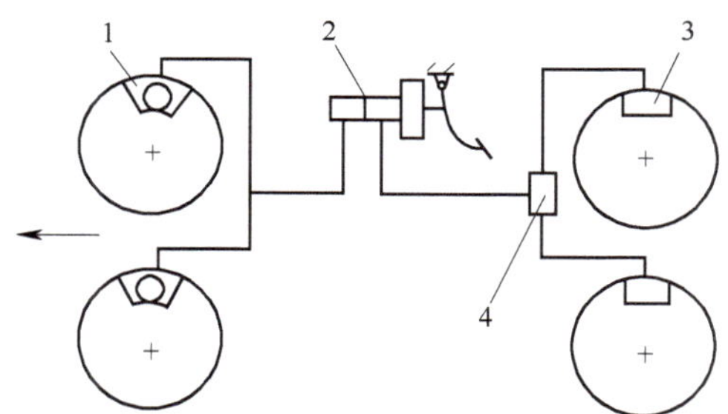

图 4-3-3　前后独立式的双管路液压制动传动装置

1—盘式制动器；2—双腔制动主缸；3—鼓式制动器；4—制动力调节器

2. 交叉式（也称为对角线式）

如图 4-3-4 所示，交叉式双管路液压制动传动装置由双腔制动主缸通过两套独立的管路分别控制前后桥对角线方向的两个车轮制动器。这种布置方式在任一管路失效时，仍能保持一半的制动力，且前后桥制动力分配比例保持不变，有利于提高制动方向稳定性，主要用于发动机前置前轮驱动的轿车。

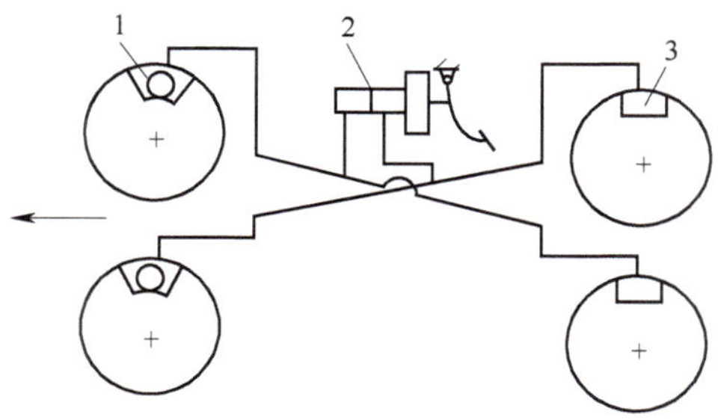

图 4-3-4　交叉式的双管路液压制动传动装置

1—盘式制动器；2—双腔制动主缸；3—鼓式制动器

任务实施

步骤 1：分组查找制动传动装置的类型，分别分析其结构及特点。

步骤 2：观察实训车辆的制动传动装置的类型及结构，讨论分析其特点，说出其各部分零件的名称。

步骤 3：分组分别对不同结构的制动传动装置（制动主缸、主动轮缸等）进行结构原理分析，叙述其安装位置。

步骤 4：分组观察不同车型的制动传动装置布置的特点，讨论其结构布置形式。讨论创新布置方案。

任务4.3.2　制动油缸

任务要求

1. 知道制动油缸的组成及功用。
2. 熟悉液压制动传动装置中制动油缸的工作原理。

相关知识

一、制动主缸

制动主缸又称为制动总泵，它处于制动踏板与管路之间，其功用是将制动踏板输入的机械力转换成液压力。

1. 制动主缸的结构

如图 4-3-5 和图 4-3-6 所示，制动主缸主要由储液罐、制动主缸外壳、前活塞、后活塞及前后活塞弹簧、推杆、皮碗等组成。

图 4-3-5　制动主缸实物图

主缸的壳体内装有前活塞、后活塞及回位弹簧，前后活塞分别用皮碗密封，前活塞用限位螺钉保证其正确位置。储油罐分别与主缸的前、后腔相通，前出油口、后出油口分别与轮缸相通，前活塞靠后活塞的液力推动，而后活塞直接由推杆推动。

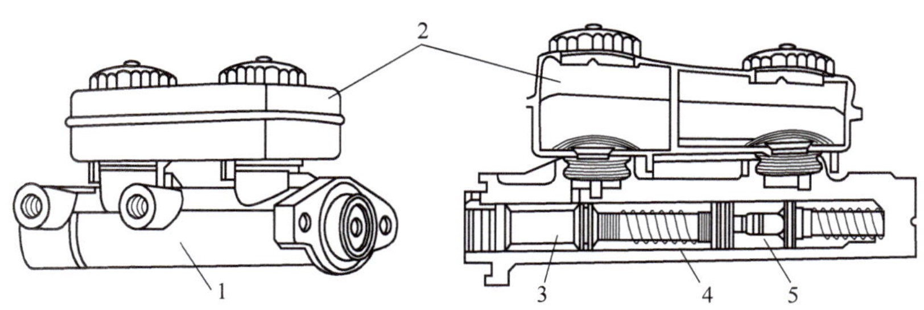

图 4-3-6 双腔制动主缸图

1，4—主缸体；2—储液罐；3—第一活塞；5—第二活塞

2. 制动主缸的工作原理

不制动时，两活塞前部皮碗均遮盖不住其旁通孔，制动液由储液罐进入主缸。

正常状态下制动时，操纵制动踏板，经推杆推动后活塞左移，在其皮碗遮盖住旁通孔之后，后腔制动液压力升高，制动液一方面经出油阀流入制动管路，一方面推动前活塞左移。在后腔液压和弹簧弹力的作用下，前活塞向左移动，前腔制动液压力也随之升高，制动液推开出油阀流入管路。于是两制动管路在等压下对汽车制动。

解除制动时，抬起制动踏板，活塞在弹簧作用下复位，高压制动液自制动管路流回制动主缸。如活塞复位过快，工作腔容积迅速增大，而制动管路中的制动液由于管路阻力的影响，来不及充分流回工作腔，使工作腔内油压快速下降，便形成一定的真空度，于是储液罐中的油液便经补偿孔和活塞上的轴向小孔推开垫片及皮碗进入工作腔。当活塞完全复位时，旁通孔开放，制动管路中流回工作腔的多余油液经补偿孔流回储液罐。

若与前腔连接的制动管路损坏漏油，则在踩下制动踏板时只有后腔中能建立液压，前腔中无压力。此时，在压力差的作用下，前活塞迅速移到其前端顶到主缸缸体上。此后，后工作腔中液压方能升高到制动所需的值。

若与后腔连接的制动管路损坏漏油，则在踩下制动踏板时，起先只是后活塞前移，而不能推动前活塞，因而后腔制动液压不能建立。但在后活塞直接顶触前活塞时，前活塞便前移，使前腔建立必要的制动液压而制动。

二、制动轮缸

制动轮缸的作用是将制动主缸传来的液压力转变为使制动蹄张开的机械推力。

1. 制动轮缸的结构

如图 4-3-7 所示，制动轮缸主要由缸体、活塞、皮碗、弹簧和放气螺钉组成。

制动轮缸的缸体通常用螺钉固装在制动底板上，位于两制动蹄之间。内装铝合金活塞，密封皮碗的刃口方向朝内，并由弹簧压靠在活塞上与其同步运动。活塞外端压有顶块并与蹄的上端相抵紧。在缸体的另一端装有防护罩，可防止尘土及泥土的侵入。缸体上方装有放气螺钉，以便放出液压系统中的空气。

2. 制动轮缸的类型

常见的制动轮缸有双活塞式、单活塞式、阶梯式等，如图 4-3-8（a）、（b）、（c）所示。

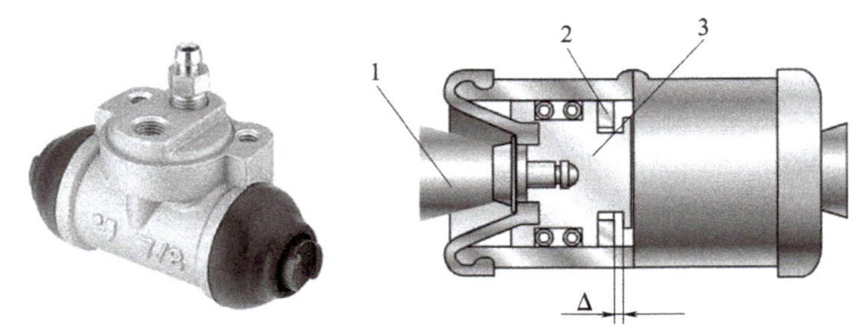

图 4-3-7　双活塞制动轮缸的分解图

1—制动蹄；2—摩擦环；3—活塞

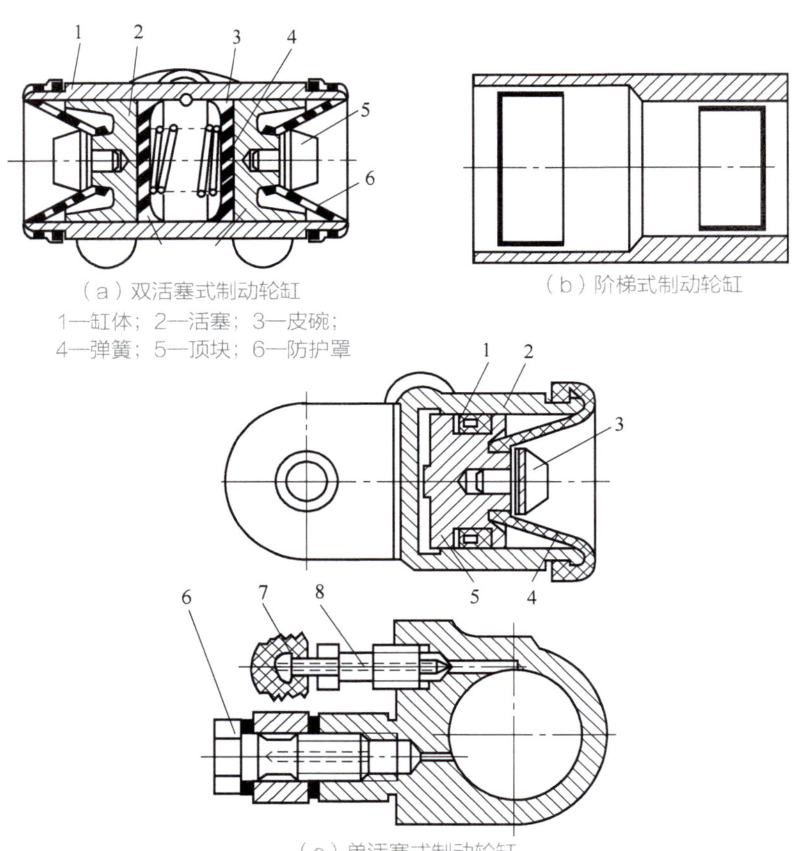

（a）双活塞式制动轮缸

1—缸体；2—活塞；3—皮碗；4—弹簧；5—顶块；6—防护罩

（b）阶梯式制动轮缸

（c）单活塞式制动轮缸

1—皮圈；2—缸体；3—顶块；4—防护罩；5—活塞；6—进油管接头；7—护罩；8—放气阀

图 4-3-8　制动轮缸

单活塞制动轮缸多用于单向助势平衡式车轮制动器，目前趋于淘汰；阶梯式轮缸用于简单非平衡式车轮制动器，它的大端推动后制动蹄，小端推动前制动蹄，其目的是为了前、后蹄摩擦片均匀的磨损。

3. 制动轮缸的工作情况

如图 4-3-9 所示，制动轮缸受到液压作用后，顶出活塞，使制动蹄扩张。松开制动踏板，液压力消失，靠制动蹄回位弹簧的力，使活塞回位。

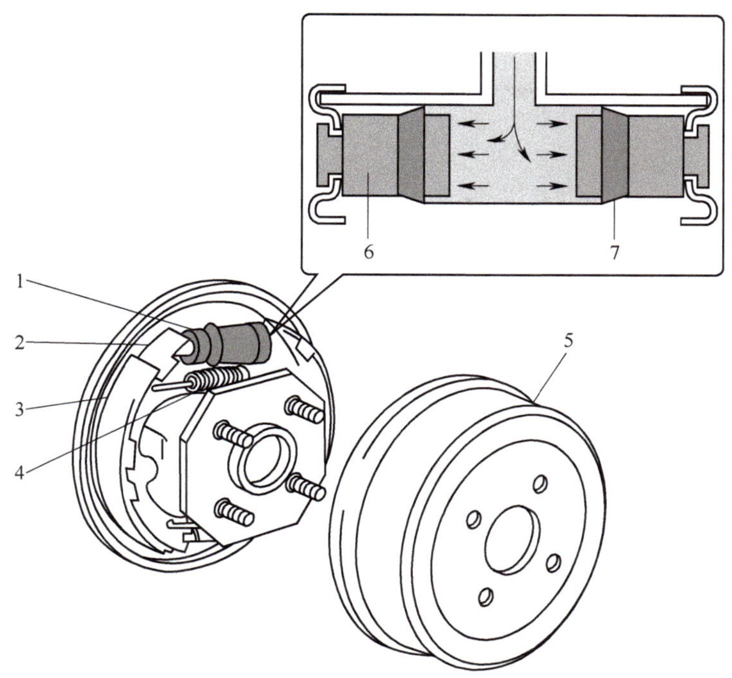

图 4-3-9　制动轮缸的工作情况

1—制动轮缸；2—制动蹄；3—制动衬层；4—回位弹簧；5—制动鼓；6—活塞；7—活塞皮碗

任务实施

步骤 1：分组查找制动油缸的类型，分别分析其结构及特点。

步骤 2：观察实训车辆的制动油缸的类型及结构，讨论分析其特点，说出其各部分零件的名称。

步骤 3：分组分别对不同结构的制动传动装置（制动主缸、制动轮缸等）进行结构原理分析，叙述其安装位置。

步骤 4：分组观察不同车型的制动油缸的特点，讨论其制动传动装置的结构布置形式。

项目小结

任务		主要内容	备注
任务 4.3.1	液压制动传动装置	1. 液压制动传动装置的功用：利用制动液将制动踏板力转换为制动液压力，通过管路传至车轮制动器。 2. 液压制动传动装置的组成：由制动踏板、主缸推杆、制动主缸、储液罐、制动轮缸、油管、制动灯开关、指示灯、比例阀等组成。	

续表

任务		主要内容	备注
任务 4.3.1	液压制动传动装置	3. 原理：液压制动传动装置在传力过程中对驾驶员的踏板力进行了放大，使传递到制动轮缸及制动蹄上的制动力大于踏板力。 4. 布置方式：有前后独立式和交叉式两种形式	
任务 4.3.2	制动油缸	1. 制动主缸又称为制动总泵。功用：将制动踏板输入的机械力转换成液压力。 2. 制动主缸的组成：由储液罐、制动主缸外壳、前活塞、后活塞及前后活塞弹簧、推杆、皮碗等组成。 3. 制动轮缸的作用：将制动主缸传来的液压力转变为使制动蹄张开的机械推力。 4. 制动轮缸的组成：主要由缸体、活塞、皮碗、弹簧和放气螺钉组成。 5. 制动轮缸的类型：双活塞式、单活塞式、阶梯式等	

项目评价

评价项目	评分标准	分数	学生自评	小组互评	小计
团队合作	团队分工明确，合作较好，责任心强	30			
操作过程	在操作时，积极主动，规范、整齐，动手能力较强	40			
创新点	有创新，举一反三	10			
任务方案	清晰、合理、明确	10			
完成情况	按时完成，效果较好	10			
	总分	100			
教师评价					

职业技能鉴定指导

填空题

1. 制动主缸利用液体不可压缩的特点，将驾驶员的踏板运动传送到________。
2. 真空助力器里面的膜片的动作由一组阀来控制，一个阀叫________，另一个阀叫________。
3. 制动系液压助力器的液压力有________和________两种形式。
4. 制动总泵的基本工作过程为________和________。
5. 制动器按其安装位置分为________和________。
6. 汽车的道路制动性能试验，一般要测定________及________状态下汽车制动的各种参数。

项目4.4 ABS防抱死装置

学习目标

1. 熟悉 ABS 防抱死制动系统的工作过程；
2. 了解 ABS 的工作原理、组成及分类；
3. 了解 ABS 防抱死制动系统的优点。

项目导入

ABS 已经成为轿车及客车的标准配置。当对行驶中的车辆进行适当制动时，如果制动力左右对称产生，车辆能够在行驶方向上停止下来。但当左右制动力不对称时，就会发生车辆绕重心旋转的力矩。此时，如果轮胎与地面的侧向反力能阻止旋转力矩的作用，则车辆仍能保持直线行驶，如果轮胎与地面的侧向反力很小，则车辆就有可能出现不规则运动。

本项目介绍 ABS 的结构与工作原理。

思维导图

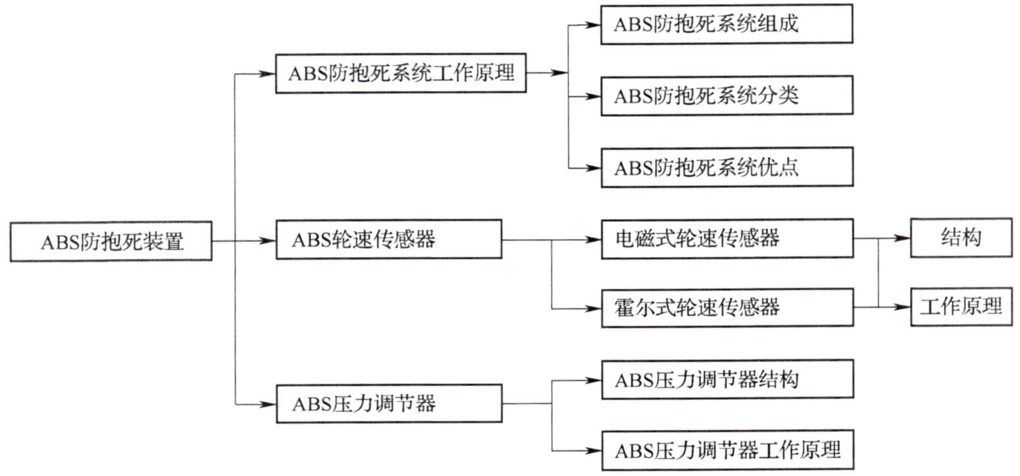

任务4.4.1 ABS防抱死制动系统工作原理

任务要求

1. 知道 ABS 防抱死制动系统的组成及功用。
2. 了解 ABS 防抱死制动系统装置的工作原理。
3. 了解 ABS 防抱死制动系统分类。

相关知识

汽车行驶过程中，当车辆直线行驶车轮抱死时，车辆出现了制动跑偏或甩尾侧滑的现象，如图 4–4–1（a) 所示。当车辆弯道行驶仅前轮抱死时，车辆出现了失去转向能力的现象，如图 4–4–1（b) 所示。当车辆弯道行驶仅后轮抱死时，车辆出现了甩尾侧滑的现象，如图 4–4–1（c) 所示。

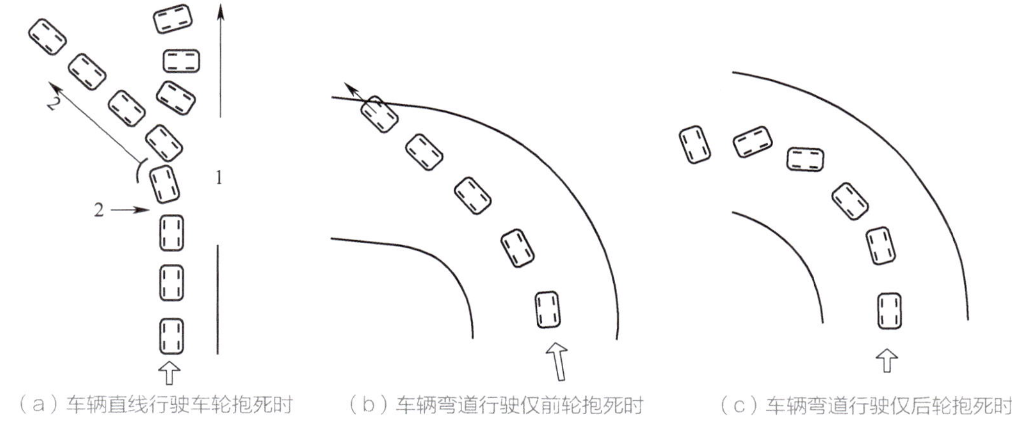

（a）车辆直线行驶车轮抱死时　（b）车辆弯道行驶仅前轮抱死时　（c）车辆弯道行驶仅后轮抱死时

图 4–4–1　车轮抱死后车辆的运动情况

一、ABS 防抱死制动系统组成

ABS 通常由轮速传感器、制动压力调节器、电子控制单元（ECU）和 ABS 警示装置等组成，如图 4–4–2 所示。

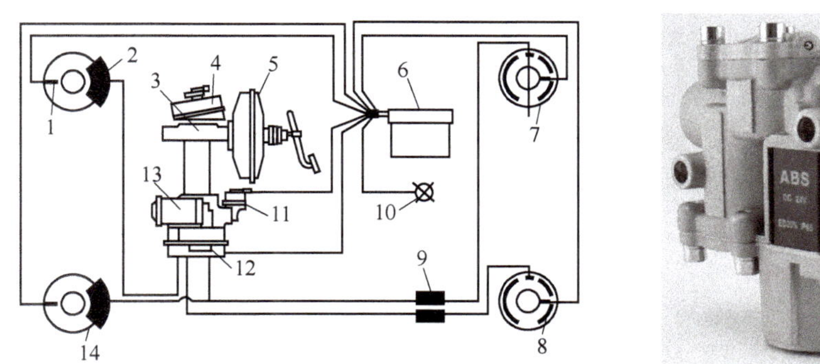

图 4–4–2　ABS 的基本组成及实物图

1—轮速传感器；2—右前轮制动器；3—制动主缸；4—储液罐；5—真空助力器；6—电子控制单元；
7—右后轮制动器；8—左后轮制动器；9—比例阀；10—ABS 警告灯；
11—储液器；12—调压电磁阀总成；13—电动泵总成；14—左前轮制动器

每个车轮上安置一个轮速传感器，它们将各车轮的转速信号及时输入电子控制单元（ECU）；电子控制单元（ECU）是 ABS 的控制中心，它根据各个车轮轮速传感器输入的信号对各个车轮的运动状态进行监测和判定，并形成响应的控制指令，再适时发出控制指令给制动压力调节器。制动压力调节器是 ABS 中的执行器，它是由调压电磁阀总成、电动泵总成和储液器等组成的一个独立整体，并通过制动管路与制动主缸和各制动轮缸相连，制动压力调节器受电子控制单元（ECU）的控制，对各制动轮缸的制动压力进行调节。警示装置包括仪表板上的制动警告灯和 ABS 警告灯，制动警告灯为红色，通常用“BRAKE”作标识，由制动液面开关、手制动开关及制动液压力开关并联控制；ABS 警告灯为黄色，由 ABS 电子控制单元控制，通常用“ABS 或 ANTILOCK”作标识。ABS 具有失效保护和自诊断功能，当电子控制单元（ECU）监测到系统出现故障时，将自动关闭 ABS，仅保留常规制动系；同时存储故障信息，并将 ABS 警告灯点亮，提示驾驶员尽快进行修理。

二、ABS 防抱死制动系统分类

1. 按控制方式分类

ABS 按控制方式可分为预测控制方式和模仿控制方式两种。

（1）预测控制方式。预测控制方式是预先规定控制参数和设定值等条件，然后根据检测的实际参数与设定值进行比较，对制动过程进行控制。

控制参数有车轮减速度、车轮加速度及车轮滑移率。根据控制参数的不同，预测控制可分为以车轮减速度为控制参数的控制方式，以车轮滑移率为控制参数的控制方式，以车轮减速度和车轮加速度为控制参数的控制方式，以车轮减速度、加速度以及滑移率为控制参数的控制方式。

（2）模仿控制方式。模仿控制方式是在控制过程中，记录前一控制周期的各种参数，再按照这些参数值规定出下一个控制周期的控制条件。此类控制方式在控制时需要准确和实时测定汽车瞬时速度，其成本较高，技术复杂，已较少使用。

2. 按控制通道及传感器数目分类

根据控制通道数可分为四通道、三通道、二通道和一通道四种；根据传感器数主要可分为四传感器和三传感器两种。控制通道是指能够独立进行制动压力调节的制动管路。如果一个车轮的制动压力占用一个控制通道，可以进行单独调节，称为独立控制；如果两个车轮的制动压力是一同调节的，称为一同控制；两个车轮一同控制时有两种方式：如果以保证附着系数较小、车轮不发生抱死为原则进行制动压力调节，则称这两个车轮按低选原则一同控制；如果以保证附着系数较大、车轮不发生抱死为原则进行制动压力调节，则称这两个车轮按高选原则一同控制。按低选原则一同控制较常见。

目前汽车上应用较多的为三通道（前轮独立控制、后轮低选控制）四传感器式、三通道三传感器式和四通道四传感器式。

（1）三通道四传感器式。三通道四传感器 ABS 如图 4-4-3 所示，一般采用两个前轮独立控制，两个后轮按低选原则进行一同控制。对两个前轮进行独立控制，主要是考虑轿车，特别是前轮驱动的汽车，前轮制动力在汽车总制动力中所占的比例较大（可达 70% 左右），可以充分利用两前轮的附着力。这种形式的 ABS 制动方向稳定性较好，但制动效能稍差。

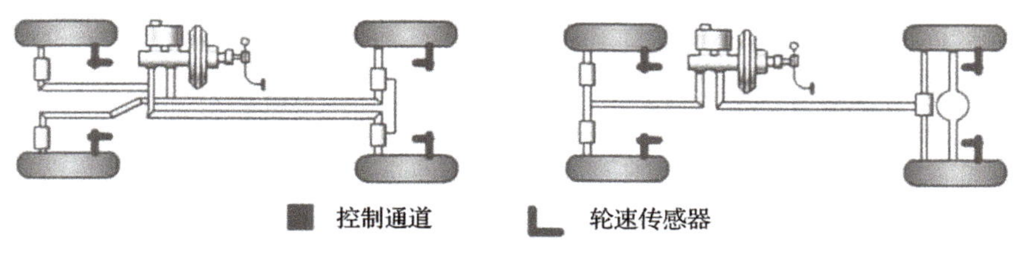

图 4-4-3 三通道四传感器 ABS

（2）三通道三传感器式。三通道三传感器 ABS 如图 4-4-4 所示，也是采用两个前轮独立控制，两个后轮按低选原则进行一同控制。与三通道四传感器 ABS 的不同是后桥只有一个轮速传感器，装在差速器附近。这种形式的 ABS 制动方向稳定性较好，但制动效能稍差。

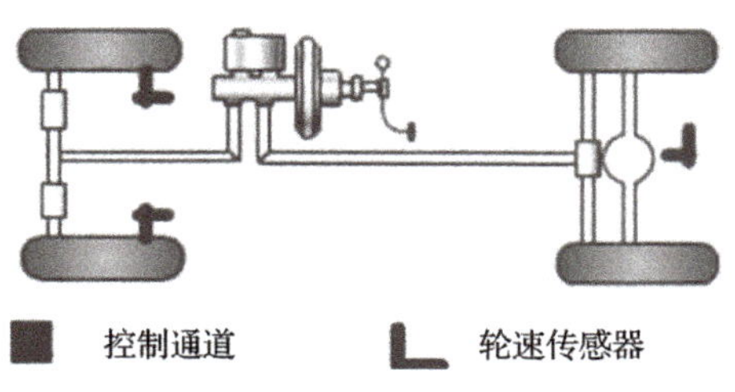

图 4-4-4 三通道三传感器 ABS

（3）四通道四传感器式。四通道四传感器 ABS 如图 4-4-5 所示，每个车轮都有一个轮速传感器，且每个车轮的制动压力都是独立控制。这种形式的 ABS 制动效能好，但在不对称路面上制动时的方向稳定性差。

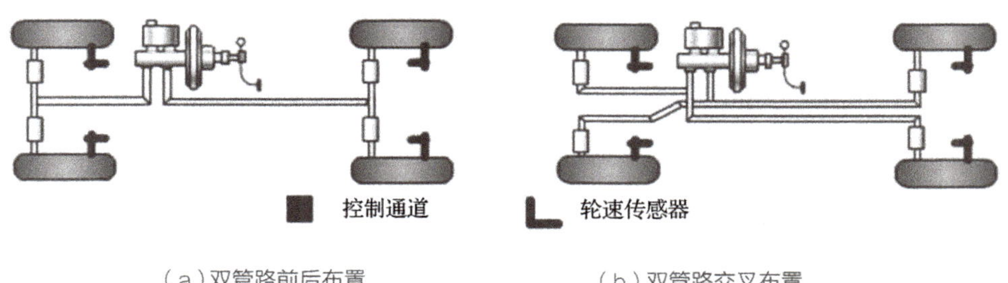

（a）双管路前后布置　　（b）双管路交叉布置

图 4-4-5 四通道四传感器 ABS

三、ABS 防抱死制动系统优点

（1）缩短制动距离。ABS 可以将滑移率控制在最大附着系数范围内，从而可获得最大的纵向制动力。

（2）改善了轮胎的磨损状况。ABS 可以防止车轮抱死，从而避免了因制动车轮抱死造成的轮胎局部异常磨损，延长了轮胎的使用寿命。

（3）提高了汽车制动时稳定性。ABS 可防止车轮在制动时完全抱死，能将车轮侧向附着系数控制在较大的范围内，使车轮具有较强的承受侧向力的能力，以保证汽车制动时的稳定性。

（4）使用方便、工作可靠。ABS 的运用与常规制动系统的运用几乎没有区别，制动时驾驶员踩下制动踏板，ABS 就根据车轮的实际转速自动进入工作状态，使车轮保持在最佳工作状态。

小知识：ABS的发展

20世纪70年代后期，数字式电子技术和大规模集成电路迅速发展，为ABS向实用化发展奠定了技术基础，许多家公司相继研制了形式多样的ABS。自20世纪80年代中期以来，ABS向高性价比的方向发展。有的公司对ABS进行了结构简化和系统优化，推出了经济型的ABS装置；有的公司推出了适用于轻型货车和客货两用汽车的后轮ABS或四轮ABS。这些努力都为ABS的迅速普及创造了条件。ABS被认为是汽车上采用安全带以来在安全性方面所取得的最为重要的技术成就。

任务实施

步骤 1：分组叙述 ABS 防抱死制动系统的作用及结构组成。

步骤 2：根据实训车辆，分析 ABS 防抱死制动系统，说明其动力传递经过的零件及其名称。

步骤 3：讨论分析 ABS 防抱死制动系统有可能出现的故障现象及不制动的可能原因。

步骤 4：分组体验车辆 ABS 防抱死制动系统的制动工作过程。

任务4.4.2　ABS轮速传感器

任务要求

1. 知道 ABS 防抱死制动系统的轮速传感器的分类。
2. 知道 ABS 防抱死制动系统的轮速传感器的工作原理。
3. 熟悉防抱死制动系统的轮速传感器的内部结构。

相关知识

ABS防抱死制动系统的轮速传感器的功用是检测车轮的旋转速度，并将速度信号输入电子控制单元。目前，常用的轮速传感器主要有电磁式和霍尔式两种。

一、电磁式轮速传感器

1. 结构

电磁式轮速传感器主要由传感器头和齿圈两部分组成，如图4-4-6所示。

齿圈一般安装在轮毂或轴座上，如图4-4-7所示。对于后轮驱动且后轮采用同时控制的汽车，齿圈也可安装在差速器或传动轴上，如图4-4-8所示。

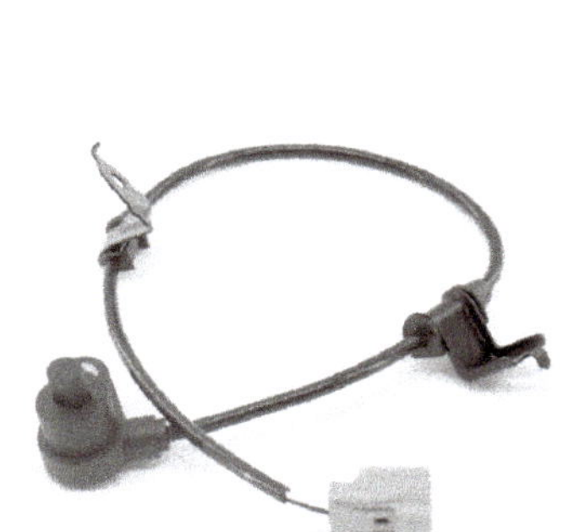

图4-4-6　轮速传感器实物图

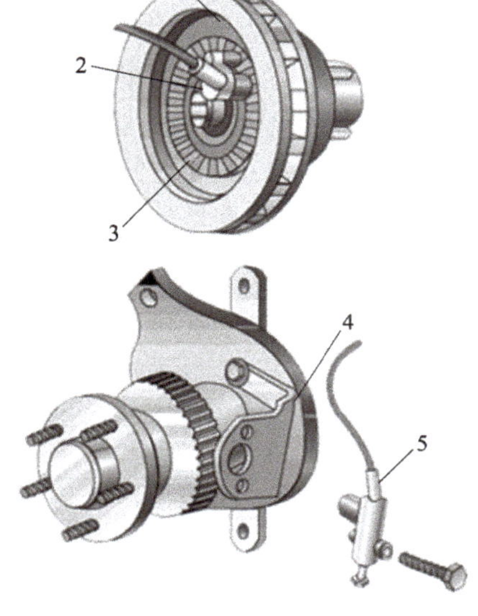

图4-4-7　轮速传感器在车轮处的安装位置

1—制动盘；2，5—传感器；3—齿圈；4—支架

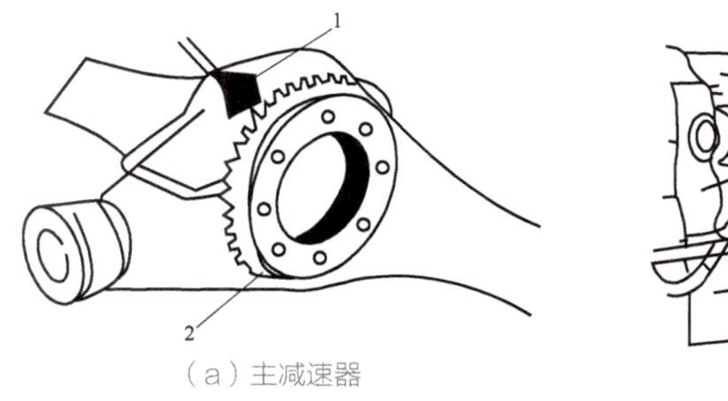

图4-4-8　轮速传感器在传动系中的安装位置

1—传感器头；2—主减速器从动齿轮；3—齿圈；4—变速器输出部位；5—传感器头

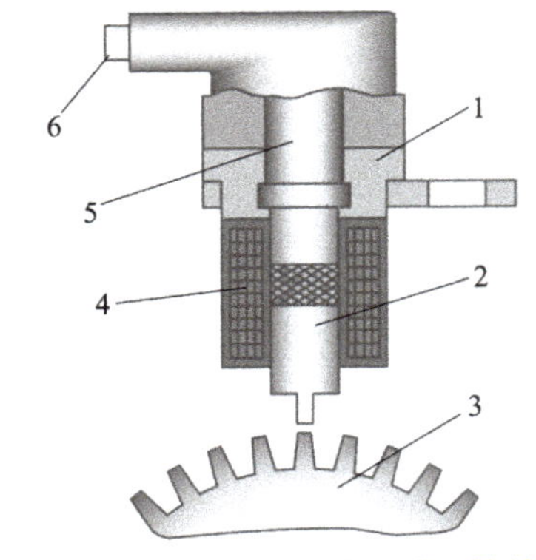

图 4-4-9 电磁式轮速传感器的结构

1—传感器外壳；2—极轴；3—齿圈；4—电磁线圈；5—永久磁铁；6—导线

齿圈随车轮或传动轴一起转动，通常用磁阻很小的铁磁材料制成。传感头通常由永久磁铁、电磁线圈和磁极等组成，如图 4-4-9 所示。它对应安装在靠近齿圈而又不随齿圈转动的部件上，如转向节、制动底板、驱动轴套管或差速器、变速器壳体等固定件上。传感头与齿圈的端面有一空气间隙，此间隙一般为 1 mm，通常可移动传感头的位置来调整间隙。

2. 工作原理

电磁式轮速传感器的工作原理如图 4-4-10 所示。传感器齿圈随车轮旋转的同时，即与传感头极轴做相对运动。当传感头的极轴与齿圈的齿隙相对时，极轴距齿圈之间的空气间隙最大，即磁阻最大。传感头的磁极磁力线只有少量通过齿圈而构成回路，在电磁线圈周围的磁场较弱，如图 4-4-10（a）所示；当传感头的极轴与齿圈的齿顶相对时，两者之间的空隙较小，即磁阻最小。传感头的磁极磁力线通过齿圈的数量增多，在电磁线圈周围的磁场较强，如图 4-4-10（b）所示。齿圈随车轮不停地旋转，就使传感头电磁线圈周围的磁场以强—弱—强—弱……周期性地变化，因此电磁线圈就感应出交变电压信号，即车轮转速信号，如图 4-4-11 所示。

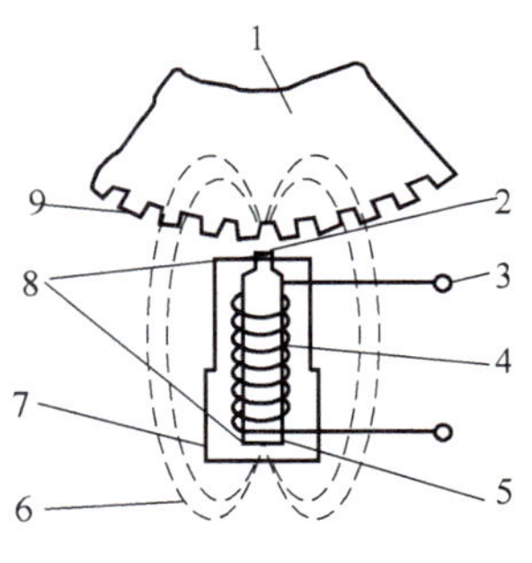

（a）齿隙与磁芯端部相对时

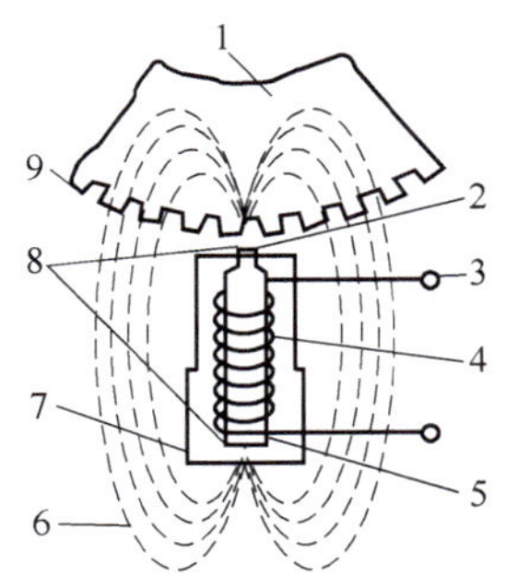

（b）齿顶与磁芯端部相对时

图 4-4-10 电磁式轮速传感器的工作原理

1—齿圈；2—极轴；3—电磁线圈引线；4—电磁线圈；5—永久磁体；6—磁力线；7—电磁式传感器；8—磁极；9—齿圈齿顶

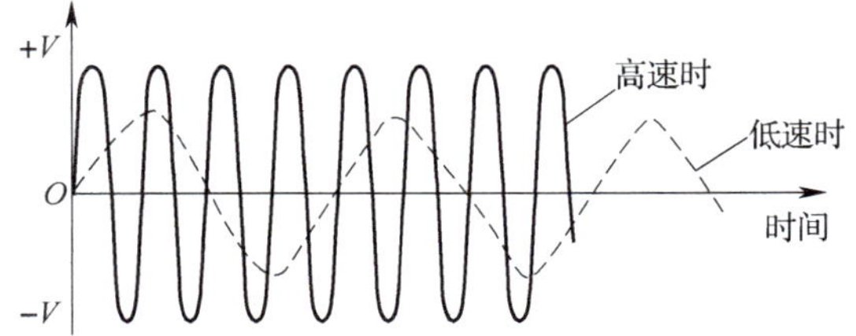

图 4-4-11 电磁式轮速传感器输出电压信号

交变电压信号的频率与齿圈的齿数和转速成正比，因齿圈的齿数一定，因而车轮转速传感器输出的交流电压信号频率只与相应的车轮转速成正比。

轮速传感器由电磁线圈引出两根导线，将其速度变化产生的交变电压信号送至 ABS 的电子控制单元（ECU）。为防止外部电磁波对速度信号的干扰，传感器的引出线采用屏蔽线，以保证反映车轮速度变化的交变电压信号准确地送至 ABS 的电子控制单元（ECU）。

二、霍尔式轮速传感器

1. 霍尔式轮速传感器的组成和工作原理

霍尔式轮速传感器也是由传感头、齿圈组成。其齿圈的结构及安装方式与电磁式轮速传感器的齿圈相同，传感头由永磁体、霍尔元件和电子电路等组成。

传感器的工作原理如图 4–4–12 所示，永磁体的磁力线穿过霍尔元件通向齿圈，齿圈相当于一个集磁器。当齿圈位于图 4–4–12（a）所示位置时，穿过霍尔元件的磁力线分散，磁场相对较弱；而当齿圈位于图 4–4–12（b）所示位置时，穿过霍尔元件的磁力线集中，磁场相对较强。齿圈转动时，使得穿过霍尔元件的磁力线密度发生变化，因而引起霍尔元件电压的变化，霍尔元件将输出一毫伏级的准正弦波电压。此信号由电子电路转化成标准的脉冲电压。

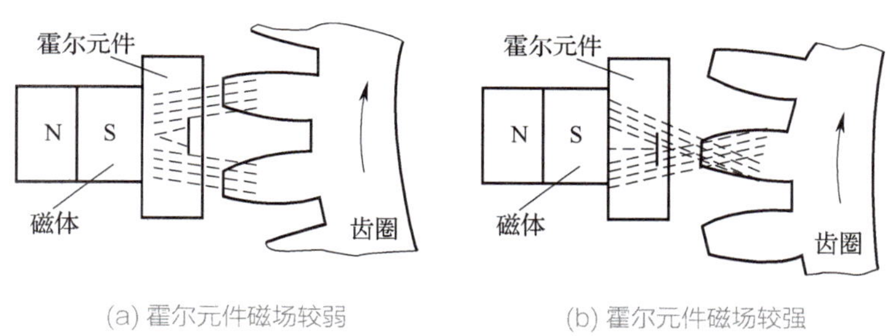

(a) 霍尔元件磁场较弱　　(b) 霍尔元件磁场较强

图 4–4–12　霍尔式轮速传感器

2. 两类传感器的特点

（1）电磁式轮速传感器较简单，成本低。但存在以下缺点：

① 其输出信号的幅值是随转速变化而变化的。在规定的转速范围内，其输出信号的幅值一般在 1 ~ 15 V 范围内变化，若车速过低，其输出信号低于 1 V，电子控制单元无法检测。

② 频率响应不高。当转速过高时，传感器的频率响应跟不上，容易产生误信号。

③ 抗电磁波干扰能力差。

（2）霍尔式转速传感器克服了电磁式轮速传感器的缺点，其输出信号电压幅值不受转速的影响，频率响应高，抗电磁波干扰能力强。因而，霍尔式轮速传感器在 ABS 中应用越来越广泛。

任务实施

步骤 1：分组叙述 ABS 防抱死制动系统的轮速传感器的作用及结构组成。

步骤 2：根据实训车辆，分析 ABS 防抱死制动系统的轮速传感器，说明 ABS 防抱死制动系统的轮速传感器在制动过程中，信号经过的零件及其名称。

步骤 3：讨论分析 ABS 防抱死制动系统的轮速传感器有可能出现的故障现象。

步骤 4：分组观察不同车辆的 ABS 防抱死制动系统的轮速传感器的结构特点及使用情况，分析故障原因。

任务4.4.3　ABS制动压力调节器

任务要求

1. 知道 ABS 防抱死制动系统的制动压力调节器的功用。
2. 知道 ABS 防抱死制动系统的制动压力调节器的工作原理。
3. 熟悉防抱死制动系统的制动压力调节器的结构组成。

相关知识

一、制动压力调节器的功用

1. 功用

制动压力调节器的功用是在制动时根据 ABS 电子控制单元（ECU）的控制指令，自动调节制动轮缸制动压力的大小，防止车轮抱死，并使车轮处于理想滑移率的状态。

2. 类型

（1）根据压力调节器的动力源不同分为液压式和气压式两种。液压式主要用于轿车和一些轻型载货汽车上；气压式主要用在大型客车和载货汽车上。

（2）根据压力调节器与制动主缸的结构关系可分为整体式和分离式两种。整体式制动压力调节器与制动主缸制成一体；分离式制动压力调节器自成一体，通过制动管路与制动主缸相连。

（3）根据压力调节器的调压方式可分为循环式和可变容积式两种。循环式制动压力调节器是通过电磁阀直接控制轮缸的制动压力；而可变容积式制动压力调节器是通过电磁阀间接改变轮缸的制动压力。

二、制动压力调节器的工作原理

循环式制动压力调节器如图 4–4–13 所示，它主要由制动踏板机构、制动主缸、回油泵、储液器、电磁阀、制动轮缸组成，在制动主缸与轮缸之间串联一电磁阀，直接控制轮缸的制动压力。其工作原理如下。

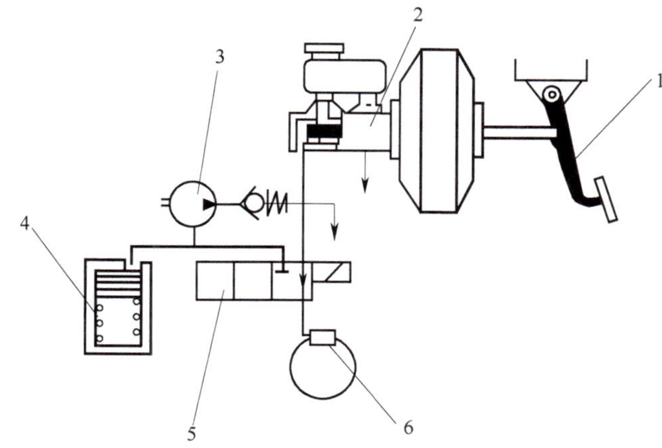

图 4–4–13　循环式制动压力调节器的组成

1—制动踏板机构；2—制动主缸；3—回油泵；4—储液器；5—电磁阀；6—制动轮缸

（1）常规制动过程。如图 4–4–14 所示，在常规制动过程中，ABS 不工作，电磁线圈中无电流通过，电磁阀柱塞在回位弹簧的作用下处于“下端”位置。此时制动主缸与轮缸相通，由制动主缸来的制动液直接进入轮缸，轮缸压力随主缸压力的升高而升高。

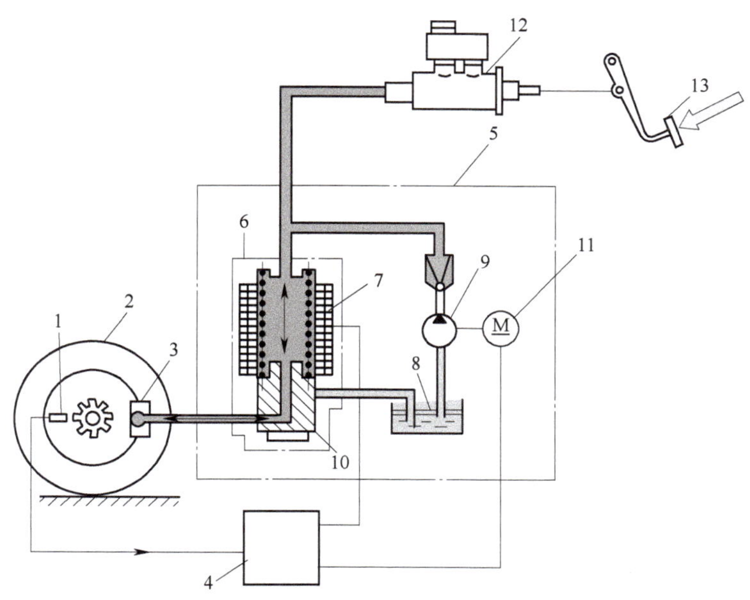

图 4–4–14　常规制动过程

1—轮速传感器；2—车轮；3—轮缸；4—电子控制器（ECU）；5—液压部件；6—电磁阀；7—线圈；8—储液器；9—液压泵；10—柱塞；11—电动机；12—主缸；13—制动踏板

（2）保压制动过程。如图 4-4-15 所示，当电子控制单元向电磁线圈输入一个较小的电流时（约为最大电流的 1/2），电磁线圈产生较小的电磁力，使柱塞处于“中间”位置。此时制动主缸、制动轮缸和回油孔相互隔离，轮缸中的制动压力保持一定。

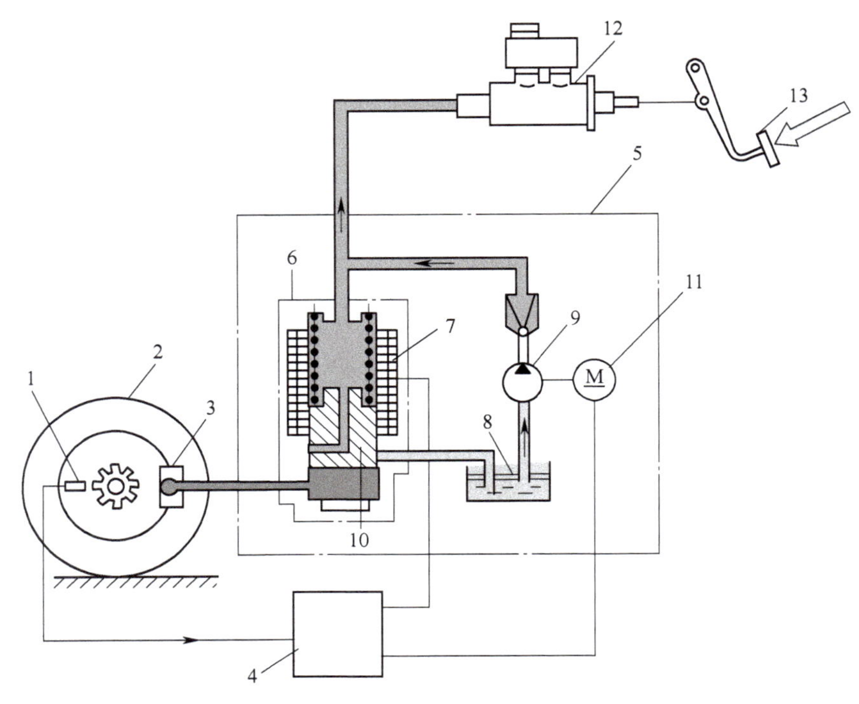

图 4-4-15 保压制动过程

1—轮速传感器；2—车轮；3—轮缸；4—电子控制器（ECU）；5—液压部件；6—电磁阀；7—线圈；8—储液器；9—液压泵；10—柱塞；11—电动机；12—主缸；13—制动踏板

（3）减压制动过程。如图 4-4-16 所示，当电子控制单元向电磁线圈输入一个最大电流时，电磁线圈产生更大的电磁力，使柱塞处于“上端”位置。此时电磁阀柱塞将轮缸与回油通道或储液器接通，轮缸中的制动液经电磁阀流入储液器，轮缸压力下降。与此同时，电动机起动，带动液压泵工作，将流回储液器的制动液输送回主缸，为下一个制动周期做好准备。

（4）增压制动过程。如图 4-4-17 所示，当制动压力下降后，车轮的转速增加，当电控制单元检测到车轮转速增加太快时，便切断通往电磁阀的电流，使制动主缸与制动轮缸再次相通，制动主缸的高压制动液再次进入制动轮缸，制动力增加。

制动时，上述过程反复进行，直到解除制动为止。

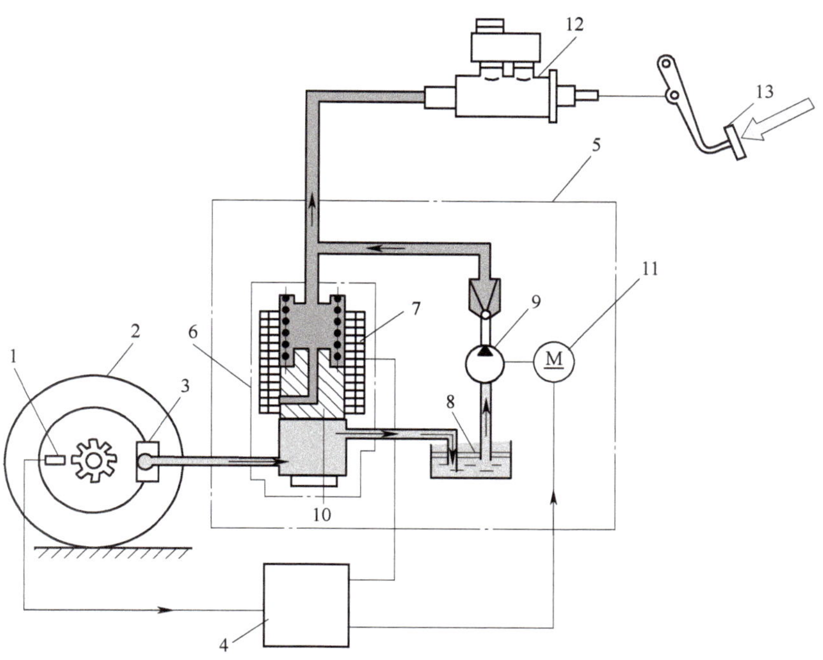

图 4-4-16 减压制动过程

1—轮速传感器；2—车轮；3—轮缸；4—电子控制器（ECU）；5—液压部件；6—电磁阀；7—线圈；8—储液器；9—液压泵；10—柱塞；11—电动机；12—主缸；13—制动踏板

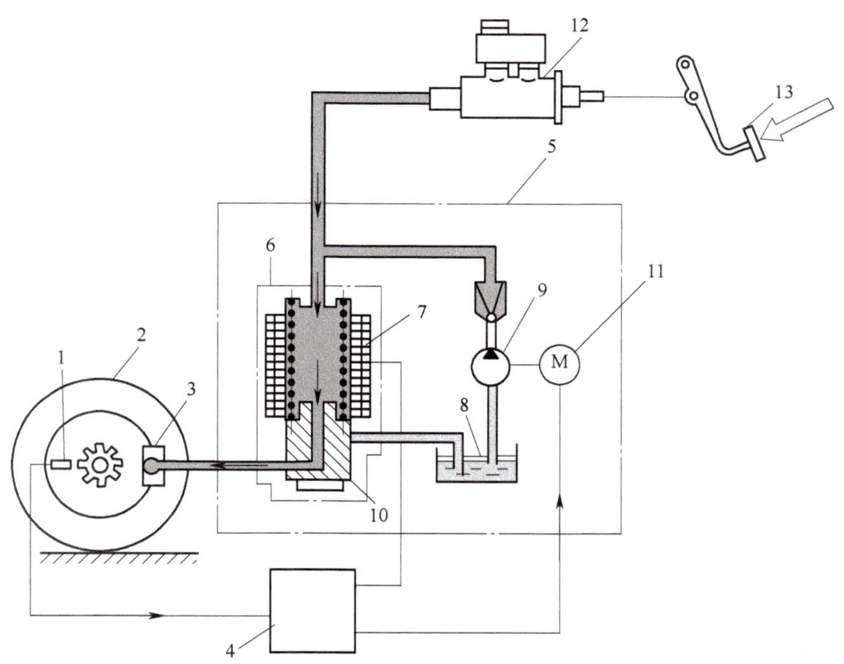

图 4-4-17 增压制动过程

1—轮速传感器；2—车轮；3—轮缸；4—电子控制器（ECU）；5—液压部件；6—电磁阀；7—线圈；8—储液器；9—液压泵；10—柱塞；11—电动机；12—主缸；13—制动踏板

任务实施

步骤 1：分组叙述 ABS 的制动压力调节器的作用及结构组成。

步骤 2：分组解释 ABS 的制动压力调节器的工作原理。

步骤 3：根据实训车辆，找到 ABS 的制动压力调节器，观察 ABS 实训台的制动压力调节器中，动力传递经过的零件及其名称。讨论分析可能出现的故障或不制动的可能原因。

步骤 4：讨论分析 ABS 的制动压力调节器有可能出现的故障，分析解决的方法。

项目小结

任务		主要内容	备注
任务 4.4.1	ABS 防抱死制动系统工作原理	1. ABS 的组成：由轮速传感器、制动压力调节器、电子控制单元（ECU）和 ABS 警示装置等组成。 2. 分类： （1）ABS 按控制方式可分为预测控制方式和模仿控制方式两种。 （2）根据控制通道数可分为四通道、三通道、二通道和一通道四种。 （3）根据传感器数主要可分为四传感器和三传感器两种。 3. ABS 防抱死制动系统的优点： （1）缩短制动距离； （2）改善了轮胎的磨损状况； （3）提高了汽车制动时的稳定性； （4）使用方便、工作可靠	
任务 4.4.2	ABS 轮速传感器	1. ABS 轮速传感器的功用：检测车轮的旋转速度，并将速度信号输入电子控制单元。 2. 分类：有电磁式和霍尔式两种	
任务 4.4.3	ABS 制动压力调节器	1. 制动压力调节器的功用：在制动时根据 ABS 电子控制单元（ECU）的控制指令，自动调节制动轮缸制动压力的大小，防止车轮抱死，并处于理想滑移率的状态。 2. 类型 （1）根据压力调节器的动力源的不同分为液压式和气压式两种。 （2）根据压力调节器与制动主缸的结构关系分为整体式和分离式两种。 （3）根据压力调节器的调压方式分为循环式和可变容积式两种。 3. 工作原理：减压、保压、增压	

项目评价

评价项目	评分标准	分数	学生自评	小组互评	小计
团队合作	团队分工明确，合作较好，责任心强	30			
操作过程	在学习时，主动学习积极性高，动手能力较强。动作熟练、规范、整齐、清洁	40			
创新点	关于思考，有创新、举一反三、有基本解决问题的能力	10			
任务方案	清晰、合理、明确	10			
完成情况	按时完成，效果较好	10			
	总分	100			
教师评价					

职业技能鉴定指导

填空题

1．汽车 ABS 的基本组成包括：________、________、________和________。

2．制动压力调节装置主要包括：________、________和________。

3．根据 ABS 制动管路布置方式的不同分类，可分为________、________或________的两轮系统和四轮系统。

4．典型的 ABS 工作过程可以分为________、________、________和________这几个阶段。

5．目前大多数车轮的转速传感器都是________，它是由变化面产生的________装置。

6．ABS 中的输入传感器有两种：________、________。

7．ABS 的执行机构主要由________和________组成。

参考文献

[1] 杨立新. 汽车构造与拆装[M]. 下. 北京：人民交通出版社，2011.
[2] 祁翠琴. 汽车发动机构造与维修[M]. 上海：同济大学出版社，2010.
[3] 陈开考. 汽车构造与拆装[M]. 下. 北京：机械工业出版社，2013.
[4] 张俊. 汽车发动机电控技术[M]. 北京：北京大学出版社，2010.
[5] 鲁民巧. 汽车构造[M]. 北京：高等教育出版社，2008.

职业院校“双证书”课题实验教材
汽车制造与检修专业

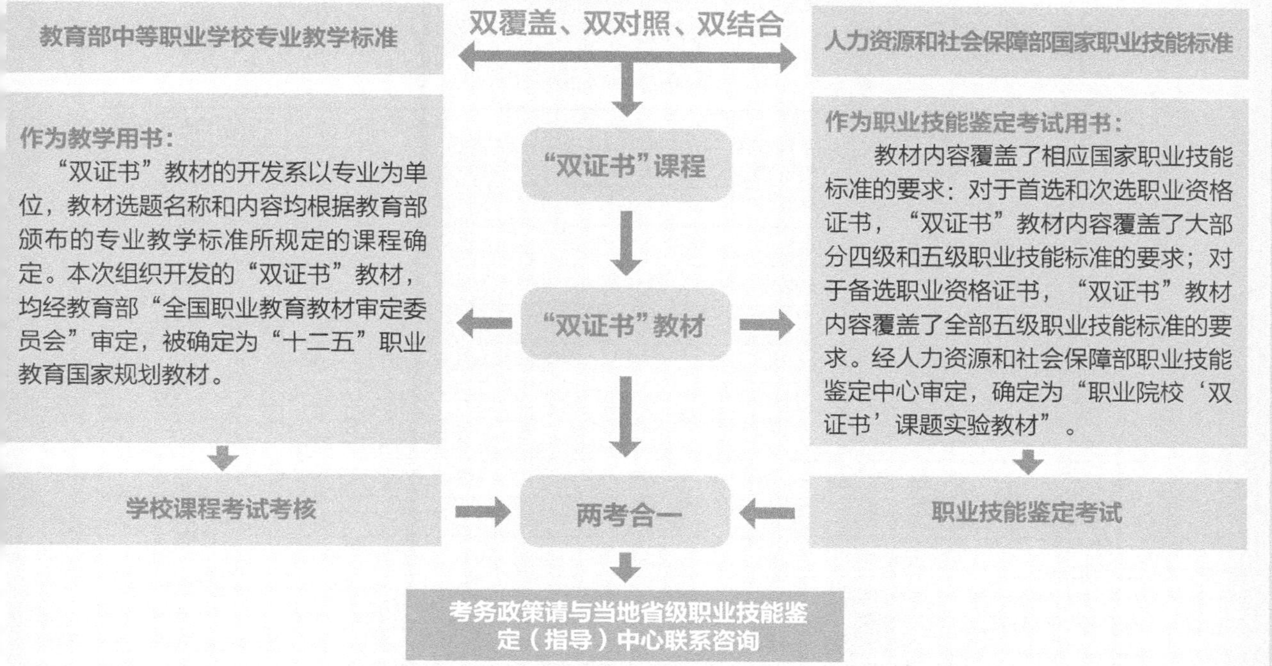

教育部中等职业学校专业教学标准

双覆盖、双对照、双结合

人力资源和社会保障部国家职业技能标准

作为教学用书：

“双证书”教材的开发系以专业为单位，教材选题名称和内容均根据教育部颁布的专业教学标准所规定的课程确定。本次组织开发的“双证书”教材，均经教育部“全国职业教育教材审定委员会”审定，被确定为“十二五”职业教育国家规划教材。

“双证书”课程

“双证书”教材

作为职业技能鉴定考试用书：

教材内容覆盖了相应国家职业技能标准的要求：对于首选和次选职业资格证书，“双证书”教材内容覆盖了大部分四级和五级职业技能标准的要求；对于备选职业资格证书，“双证书”教材内容覆盖了全部五级职业技能标准的要求。经人力资源和社会保障部职业技能鉴定中心审定，确定为“职业院校‘双证书’课题实验教材”。

学校课程考试考核

两考合一

职业技能鉴定考试

考务政策请与当地省级职业技能鉴定（指导）中心联系咨询

教材使用说明

教材识别

职业院校“双证书”课题实验教材，均由人力资源和社会保障部职业技能鉴定中心《职业院校“双证书”课题实验教材目录》给予公告，采用专用的标识，并在封底加贴唯一识别编码。需参加职业技能鉴定的学员，请在使用本系列教材前，登录“双证书教材服务平台（http://sz.nvq.net.cn）”，进行信息登记，以便记录学习过程信息和获取学习支持。

配套资源

- **学生资源：**教材另配数字学习资源，学生可在“双证书教材服务平台”上登录后，免费下载相关学习资源。
- **教师资源：**教材配有相应模拟试卷，任课教师经过授权并登录“双证书教材服务平台”，填写有关信息后，可免费下载。也可向试点地区的职业技能鉴定指导机构、有关出版单位索取。
- **题库建设：**各专业的“双证书”课程和综合实训课程的考试试题，可由试点地区职业技能鉴定中心根据本系列教材，组织职业院校教师、行业企业专家共同命题组卷。对于符合国家职业技能鉴定题库技术要求的试题，可推荐收录到国家题库中。

教材体系

汽车制造与检修专业“双证书”教材体系由《汽车机械制图》《汽车构造与拆装（上）》《汽车构造与拆装（下）》《汽车拆装实训》《汽车制造工艺》《汽车电控系统检修》7本教材组成，另配有综合实训教材1本。这7本教材基本上覆盖了汽车修理工国家职业技能标准的基本要求和五级、四级工作要求。

希望各地职业技能鉴定机构、职业院校和我们一同努力，积极探索符合职业院校特点、对接国家职业技能标准、课程考试与职业技能鉴定“两考合一”的职业院校学生评价体系和“教学训考”资源开发使用模式。

有关职业院校“双证书”课题实验教材的具体问题和反馈意见可咨询人力资源和社会保障部职业技能鉴定中心课题组。

联系方式：

人力资源和社会保障部职业技能鉴定中心　许　远　vocscum@qq.com, 010-84661204

外语教学与研究出版社职教分社　张永见　173809553@qq.com, 010-88819169

“十二五”职业教育国家规划教材（中职）
职业院校“双证书”课题实验教材

序号	书名	主编	书号（ISBN）	定价 / 元
1	机械制造技术	龚雯，戴文玉	978-7-5135-5809-9	35
2	车削加工技术与技能	田华	978-7-5135-5808-2	37
3	数控车削加工技术与技能	李东君，文娟萍	978-7-5135-5818-1	28
4	数控铣削加工技术与技能	李东君	978-7-5135-5817-4	31
5	汽车构造与拆装（上）	祁翠琴	978-7-5135-5813-6	32
6	汽车构造与拆装（下）	祁翠琴	978-7-5135-5807-5	29
7	汽车拆装实训	詹远武	978-7-5135-5810-5	33
8	汽车电控系统检修	闫炳强	978-7-5135-5815-0	32
9	汽车制造工艺	李东兵	978-7-5135-5812-9	29
10	典型机床电气故障诊断与维修	邱寿昆	978-7-5135-5800-6	28
11	电工技能实训	周皓，周军	978-7-5135-5801-3	24
12	机械拆装技能实训	韩树明，成建群	978-7-5135-5803-7	32
13	电器与 PLC 控制技术	周占怀	978-7-5135-5804-4	34
14	气动与液压传动	郑勇，王稳	978-7-5135-5764-1	35
15	钳工技能实训	郑爱权，倪红海	978-7-5135-5805-1	35
16	沟通技能训练	廉捷	978-7-5135-5784-9	29
17	办公设备使用与维护	姜绍辉	978-7-5135-5785-6	33
18	办公软件应用	李星华，孟德花	978-7-5135-5786-3	34
19	会议组织与管理	楼红霞	978-7-5135-5790-0	34
20	文书拟写与处理	张琼华	978-7-5135-5788-7	35
21	企业行政管理	林淑贞	978-7-5135-5789-4	28
22	PLC 与变频器应用技术	岳丽英	978-7-5135-5802-0	30
23	焊接结构生产	王冠雄	978-7-5135-5806-8	35

“十二五”职业教育国家规划教材（中职）

序号	书名	主编	书号	定价
1	电子商务物流	周云斌	978-7-5135-6052-8	25
2	电子商务基础	梁海波	978-7-5135-6053-5	34
3	网络营销实务	刘春青	978-7-5135-6054-2	35
4	商品拍摄与图片处理	丛日东	978-7-5135-6055-9	50
5	店铺运营	蓝魏，李平	978-7-5135-6056-6	35
6	网页设计	鱼东彪	978-7-5135-6057-3	26
7	电子商务客户服务	张元生	978-7-5135-6058-0	29
8	网站内容编辑	宋爱华	978-7-5135-6059-7	32
9	财务基础	李博	978-7-5135-6122-8	34

说明：教材都配有丰富的教学资源，使用教材的读者可登录 http://vep.fltrp.com 自行下载；也可与编辑联系索取：张永见，173809553@qq.com。欢迎一线教师加入外研社作者队伍，共同开发优质教材及配套资源。